A. SAINTE-LAGUË

ANCIEN ÉLÈVE DE L'ÉCOLE NORMALE SUPÉRIEURE
PROFESSEUR DE MATHÉMATIQUES (CENTRALE) AU LYCÉE JANSON-DE-SAILLY

LES RÉSEAUX

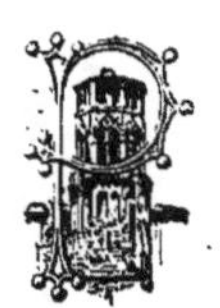

TOULOUSE
IMPRIMERIE ET LIBRAIRIE ÉDOUARD PRIVAT
Librairie de l'Université
14, RUE DES ARTS, 14 (SQUARE DU MUSÉE)

1924

A. SAINTE-LAGUË

ANCIEN ÉLÈVE DE L'ÉCOLE NORMALE SUPÉRIEURE
PROFESSEUR DE MATHÉMATIQUES (CENTRALE) AU LYCÉE JANSON-DE-SAILLY

LES RÉSEAUX

TOULOUSE
IMPRIMERIE ET LIBRAIRIE ÉDOUARD PRIVAT
Librairie de l'Université.
14, RUE DES ARTS, 14 (SQUARE DU MUSÉE)

1924

LES RÉSEAUX

Par M. A. SAINTE-LAGUË

INTRODUCTION

Réseaux. — Nous appellerons *réseau* un ensemble de points ou carrefours qui seront les *sommets*, joints entre eux par des traits ou côtés qui seront les *chemins* du réseau. La forme de ces chemins n'a aucun intérêt et la seule chose qu'il importe de savoir pour deux points donnés A et B c'est s'ils sont, ou non, réunis par un ou plusieurs chemins.

Deux réseaux seront dits *homéomorphes* si l'on peut établir entre leurs sommets d'une part, aussi bien qu'entre leur chemins d'autre part, une correspondance réciproque et univoque. Deux réseaux homéomorphes seront considérés comme identiques. Il en résulte que la forme des schémas, plans ou gauches, par lesquels il pourra être commode de représenter des réseaux n'a aucune importance théorique. L'emplacement des sommets pourra être arbitraire ainsi que la forme des chemins joignant deux points donnés. Il faudra avoir soin de ne pas confondre le croisement graphique de deux chemins tracés sur le papier avec un carrefour.

On appelle *impasse* tout chemin qui partant d'un sommet A conduit à un sommet B qui n'est relié à aucun sommet autre que A. S'il y a plusieurs chemins joignant A et B, leur ensemble forme, suivant les cas, une *impasse double, triple,... multiple*. On appelle *boucle* tout chemin qui, issu d'un sommet A, revient à ce sommet, sans passer par d'autres sommets. S'il y a plusieurs chemins dans le même cas, on aura une *boucle double, triple,... multiple*. On appelle *articulation* tout sommet A tel que l'on puisse répartir les sommets en deux groupes, le passage d'un sommet d'un groupe à un sommet de l'autre ne pouvant se faire qu'en passant par A. On appelle *chemin double, triple,... multiple* tout ensemble de chemins joignant deux mêmes sommets. Un sommet est dit *isolé* s'il n'est relié à aucun autre. S'il part des chemins d'un tel sommet, ils forment une boucle simple ou multiple. On appelle *sommet de passage* tout sommet où n'aboutissent que deux chemins.

Un réseau est dit *fini* si le nombre des sommets et celui des chemins sont finis. Sinon il est *infini*. *L'ordre n* d'un réseau fini est le nombre de ses sommets. Un réseau est *simple* s'il est d'un seul tenant, c'est-à-dire si l'on peut aller d'un sommet quelconque A à un autre B en suivant uniquement des chemins du réseau. Un réseau *composé* est double, triple,... s'il est formé de l'ensemble de deux, trois,... réseaux simples. Un réseau est dit *contenu* dans un autre si tous ses sommets et tous ses chemins sont des sommets et des chemins de cet autre qui est un réseau *contenant*.

Réseaux normaux. — Un réseau est dit *normal* s'il est fini, simple, sans chemin multiple, impasse, boucle, articulation ou sommet de passage. Sauf exceptions nous ne considérerons jamais que de tels réseaux. Un réseau normal est dit *complet* s'il contient tous les chemins joignant deux à deux ses sommets. Il a alors au moins quatre sommets. Un réseau normal sera dit *polygonal* s'il est homéomorphe à un réseau dans lequel tous les sommets sont ceux d'un polygone régulier, les chemins étant des côtés ou des diagonales de ce polygone et tel en outre que la rotation qui amène un sommet à coïncider avec le suivant amène un chemin quelconque à se superposer à un autre.

Deux sommets A et B sont dits *indiscernables*, si le réseau est homéomorphe à lui-même de façon que A corresponde à B. Deux sommets quelconques d'un réseau polygonal sont indiscernables. Un réseau normal est *semi-polygonal* si, pris deux à deux de façon quelconque, les sommets sont indiscernables. C'est ainsi que le réseau formé par les arêtes et les sommets d'un cube est semi-polygonal sans être polygonal.

Un sommet est de *degré p* s'il en part p chemins; un réseau *régulier et de degré p* est un réseau normal dont tous les sommets sont de degré p. Il est *cubique* si $p = 3$. Un réseau polygonal ou semi-polygonal est un réseau régulier.

Circuits. — On appelle *circuit* tout ensemble de chemins AB, BC, CD ... KL, LA qui partant d'un point A y revient, deux chemins consécutifs ayant une extrémité commune. Deux circuits sont identiques si, comprenant les mêmes chemins, ils ne diffèrent que par le sommet de départ ou le sens du parcours. Un circuit est *pair* ou *impair* suivant la parité du nombre des chemins qu'il contient. Si chacun des sommets utilisés ne se trouve que deux fois dans la liste comme sommet commun à deux chemins consécutifs, le circuit est dit *circulaire*. Un circuit circulaire est *complet* s'il utilise tous les sommets du réseau. Un réseau est *cerclé* s'il existe au moins un circuit complet.

Rang et classe. — Répartissons les sommets d'un réseau en catégories telles que deux sommets de la même catégorie ne soient jamais joints par un chemin. Le nombre minimum de catégories en lesquelles on peut ainsi répartir les sommets est le *rang* du réseau. Si le réseau est de rang 2, 3, 4,... il est dit *bipartie, tripartie, tétrapartie*, etc... Répartissons maintenant les chemins en catégories telles que deux chemins d'une même catégorie n'aient jamais de sommet commun. Le nombre minimum des catégories en lesquelles on peut ainsi répartir tous les chemins s'appelle la *classe* du réseau. Dans un réseau régulier de degré p, on appelle *excès* la différence entre l'entier qui exprime la classe et le plus petit nombre pair non inférieur à p.

Réseau sphérique. — Un réseau normal est dit *sphérique* s'il est homéomorphe à un réseau dont tous les sommets et dont tous les chemins sont sur une surface de genre zéro, par exemple une sphère, deux chemins ne se recoupant jamais et ne pouvant par suite avoir d'autre point commun qu'un sommet. Nous supposerons en outre qu'un tel réseau n'a pas d'*isthme*, c'est-à-dire de chemin dont la suppression transforme le réseau simple en réseau double. Dans un réseau sphérique, on appelle *face* toute portion de la sphère limitée par des chemins et ne contenant aucun chemin à son intérieur. La juxtaposition de toutes ces faces donne la surface totale de la sphère. Un réseau sphérique est *losangé* si toutes les faces sont des quadrilatères et *triangulé* si ce sont des triangles. On donnerait des définitions analogues pour un *réseau torique*, etc...

Autres définitions. — Deux réseaux dont chacun est normal ou est composé de réseaux normaux en nombre fini, sont *associés* si l'on peut établir entre leurs sommets une correspondance réciproque et univoque telle que tout groupe de deux sommets A, B joints par un chemin dans l'un des réseaux ne le soit pas dans l'autre. Si deux réseaux normaux sont associés, l'un quelconque d'entre eux est dit *associable*. Si un réseau associable est homéomorphe à son associé, il est dit *semi-complet*.

Séparons en deux catégories tous les sommets d'un réseau normal de façon que chaque catégorie comprenne au moins deux sommets. Le nombre des chemins qui joignent les sommets de l'une des catégories à ceux de l'autre dépend de la façon dont les sommets ont été répartis. Sa valeur minimum est la *puissance* du réseau. C'est ainsi qu'un réseau contenant un isthme est de puissance 1 et inversement.

La *distance* de deux sommets d'un réseau normal est le nombre minimum de chemins qu'il faut suivre pour aller de l'un à l'autre. Elle est égale à 1 si ces deux sommets sont joints par un chemin. Partons d'un sommet A quelconque qui sera dit *de cote 0*. Tous les sommets à la distance 1 de A seront dits *de cote 1*, les sommets à la distance 2 seront dits *de cote 2*, etc... La cote maximum obtenue est la *hauteur* du réseau relative au sommet A. Si l'on envisage les divers sommets, la valeur maximum de cette hauteur est la *longueur* du réseau, sa valeur minimum est la *largeur*.

Lorsqu'un réseau normal contient un ou plusieurs réseaux complets, chacun d'eux s'appelle un *noyau* du réseau considéré. Un noyau est d'*ordre* n s'il contient n sommets. La *grosseur* d'un réseau est l'ordre du noyau qui a le nombre maximum de sommets.

⁂

Dans tout ce qui suit, nous nous bornerons à l'étude des réseaux normaux. La première partie concerne principalement les réseaux polygonaux, la seconde les réseaux biparties. L'étude des réseaux sphériques, étude qui se rattache à celle du coloriage des cartes en quatre couleurs, ne sera pas, au moins en général, abordée ici.

PREMIÈRE PARTIE

Réseaux polygonaux.

CHAPITRE PREMIER

Propriétés générales.

Réseaux complets. — Un réseau complet est homéomorphe à un polygone dont toutes les diagonales sont tracées. S'il est d'ordre n, il est régulier et de degré $n - 1$. Le nombre de ses chemins est la moitié de $n(n-1)$. Un tel réseau est toujours cerclé.

Théorème. — *Le nombre des circuits complets d'un réseau complet d'ordre n est la moitié de* $(n-1)!$ On le vérifiera en remarquant qu'un circuit parcouru dans deux sens différents ne compte qu'une fois.

Théorème. — *Le rang d'un réseau complet d'ordre n est n.* Ceci résulte de la définition même du rang d'un réseau.

Théorème. — *Un réseau complet est d'excès nul.* Supposons d'abord que n soit impair : $n = 2m + 1$. Pour avoir la classe du réseau répartissons les $m(2m+1)$ chemins en catégories, en mettant dans chacune le nombre maximum de chemins, nombre qui ne peut dépasser m, deux chemins d'une même catégorie ne devant pas avoir de sommet commun. Il y a donc au moins $2m + 1$ catégories. Une telle répartition est possible, comme on le verra, en mettant dans une même catégorie toutes les diagonales ou côtés parallèles entre eux. Si n est pair : $n = 2m$, il y a $m(2m-1)$ chemins dont m au plus par catégorie, soit au moins $2m - 1$ catégories. Pour montrer qu'une telle répartition est possible, considérons un sommet, A par exemple, et répartissons, ce qui est possible comme nous l'avons vu, tous les chemins n'aboutissant pas en A en $2m - 1$ catégories. La première utilise tous les sommets sauf un, B. On pourra par suite lui ajouter le chemin AB. La deuxième utilise tous les sommets sauf C et on lui ajoute AC, etc... ce qui achève la démonstration.

PREMIÈRE PARTIE

Réseaux polygonaux.

CHAPITRE PREMIER

Propriétés générales.

Réseaux complets. — Un réseau complet est homéomorphe à un polygone dont toutes les diagonales sont tracées. S'il est d'ordre n, il est régulier et de degré $n - 1$. Le nombre de ses chemins est la moitié de $n(n-1)$. Un tel réseau est toujours cerclé.

Théorème. — *Le nombre des circuits complets d'un réseau complet d'ordre* n *est la moitié de* $(n-1)!$ On le vérifiera en remarquant qu'un circuit parcouru dans deux sens différents ne compte qu'une fois.

Théorème. — *Le rang d'un réseau complet d'ordre* n *est* n. Ceci résulte de la définition même du rang d'un réseau.

Théorème. — *Un réseau complet est d'excès nul.* Supposons d'abord que n soit impair : $n = 2m + 1$. Pour avoir la classe du réseau répartissons les $m(2m+1)$ chemins en catégories, en mettant dans chacune le nombre maximum de chemins, nombre qui ne peut dépasser m, deux chemins d'une même catégorie ne devant pas avoir de sommet commun. Il y a donc au moins $2m + 1$ catégories. Une telle répartition est possible, comme on le verra, en mettant dans une même catégorie toutes les diagonales ou côtés parallèles entre eux. Si n est pair : $n = 2m$, il y a $m(2m-1)$ chemins dont m au plus par catégorie, soit au moins $2m - 1$ catégories. Pour montrer qu'une telle répartition est possible, considérons un sommet, A par exemple, et répartissons, ce qui est possible comme nous l'avons vu, tous les chemins n'aboutissant pas en A en $2m - 1$ catégories. La première utilise tous les sommets sauf un, B. On pourra par suite lui ajouter le chemin AB. La deuxième utilise tous les sommets sauf C et on lui ajoute AC, etc... ce qui achève la démonstration.

Cherchons la puissance d'un tel réseau, en mettant p sommets d'un côté, $n-p$ de l'autre ($2 < p < n-2$). Il y a $p(n-p)$ chemins allant d'un groupe à l'autre et le minimum est $2(n-2)$ donc :

Théorème. — *La puissance d'un réseau complet d'ordre n est $2(n-2)$.*

Théorème. — *Un réseau complet est de dimension* 1, car, si un sommet est de cote 0, tous les autres sont de cote 1. Un tel réseau est donc de longueur et largeur 1.

Un réseau complet d'ordre n contient un noyau du même ordre et est de grosseur n. Il contient C^p_n noyaux d'ordre p. Le nombre total des noyaux est :

$$C^4_n + C^5_n + C^6_n + \ldots + C^n_n = \frac{1}{6}(n+2)(n+3).$$

Enfin, sauf pour $n = 4$, un réseau complet n'est jamais sphérique.

Réseaux polygonaux. — Considérons un réseau polygonal à n sommets. En les supposant placés de façon convenable, une rotation du $n^{\text{ième}}$ de 2π, qui sera l'*angle-unité*, fait coïncider le réseau avec lui-même. Les sommets consécutifs numérotés 0, 1, 2, 3, ..., $n-1$ sont alors les sommets d'un polygone régulier. Nous poserons suivant la parité de n, $n = 2m$ ou $n = 2m+1$. Soit p le degré du réseau ($p \leqslant n-1$). Si $p = n-1$, le réseau est complet. Si n est impair, p est pair. Si n est pair, p n'est impair que lorsque les diamètres n'existent pas comme chemins du réseau. Nous poserons suivant les cas : $p = 2q$ ou $p = 2q+1$.

Prenons un chemin quelconque du réseau : diagonale ou côté du polygone régulier formé par les sommets. Ajoutons-lui ceux qui s'en déduisent par les n rotations qu'admet le polygone. On a ainsi n diagonales ou n côtés qui forment un *élément* du réseau envisagé. L'un de ces chemins joint les sommets 0 et a, un autre joint 0 et $n-a$. Si a est le plus petit des deux nombres a et $n-a$, l'élément envisagé est caractérisé par ce seul nombre a et s'appelle l'élément (a). La liste complète des éléments possibles est celle des entiers 1, 2, 3, ..., m. Si $n = 2m$, l'élément (m) est formé des m diamètres. Un réseau polygonal est défini par la liste $(a), (b), (c), \ldots$ de ses éléments constituants.

Si a est premier avec n, l'élément (a) est un polygone de n côtés et forme un réseau simple. Sinon, α étant le P. G. C. D. de n et a, l'élément (a) comprend α polygones, sauf pour $\alpha = m$, si $n = 2m$, cas où il comprend les m diamètres.

Théorème. — *Un réseau polygonal est cerclé.* Il faut montrer que l'on peut trouver au moins un circuit complet. Ceci est évident si l'un des éléments est formé d'un seul polygone. Supposons qu'il n'en soit pas ainsi et bornons-nous à considérer deux éléments (a) et (b) formés de plusieurs polygones, ce qui suppose que a et b ne sont pas premiers avec n, mais sont premiers entre eux, le réseau donné étant simple.

Montrons qu'en nous bornant à des chemins pris parmi ces deux éléments on peut former un circuit complet. Les réseaux polygonaux comprenant deux éléments sont susceptibles d'une intéressante représentation spatiale dont nous allons dire quelques mots quoique ce ne soit pas absolument indispensable pour la démonstration. Pour simplifier, nous l'exposerons sur un cas particulier, mais on se convaincra facilement de la généralité des raisonnements.

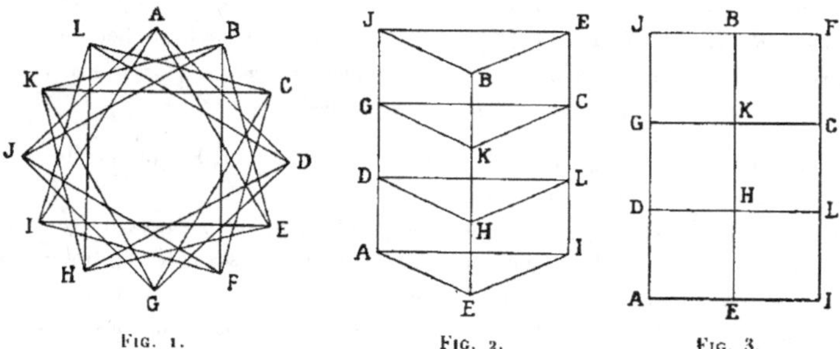

Fig. 1. Fig. 2. Fig. 3.

Prenons (*fig. 1*) un réseau polygonal de douze sommets A, B, C, ..., J, K, L formé de trois carrés ADGJ, BEHK, CFIL et de quatre triangles équilatéraux AEI, BFJ, CGK, DHL. Représentons à part l'un de ces polygones, par exemple AEI (*fig.* 2) et utilisons-le comme base pour construire un prisme droit. Sur l'arête issue de A, marquons dans l'ordre où on les trouve les quatre sommets du carré ADGJ; procédons de même pour E et I et traçons les triangles DHL, GKC, JBF ce qui donne un réseau homéomorphe au réseau donné, à condition d'y ajouter les chemins AJ, EB, IF non représentés sur la figure. Si, tenant compte de ces trois chemins, on refermait sur lui-même le tube prismatique ainsi formé, on obtiendrait une représentation « torique », les polygones qui forment l'un des éléments correspondant à des cercles méridiens du tore et les autres à des parallèles.

Quoi qu'il en soit, supprimons (*fig.* 2) tous les chemins situés dans une des faces du prisme triangulaire, par exemple JF, GC, DL, AI. En étalant la surface restante (*fig.* 3), on obtient un nouveau réseau homéomorphe formé d'un quadrillage auquel il faudrait ajouter les chemins non représentés, ou supprimés. Il est facile maintenant de s'assurer que dans tous les cas, il existe un circuit complet. Le cas le plus compliqué est celui où le nombre des sommets est pair sur chaque horizontale et sur chaque verticale, cas où l'on prendrait un circuit tel que JBFCLIEHKGDAJ.

Si l'un des éléments du réseau, d'ordre $2m$, est formé de m segments de droite, on est conduit à un quadrillage dans lequel il y a deux horizontales, les verticales étant formées chacune d'un segment unique limité à ses deux extrémités. Il sera facile, ici encore, de trouver un circuit complet.

Classe des réseaux polygonaux. — Considérons d'abord un réseau régulier d'ordre n et de degré p. Le double du nombre de ses chemins est np, ce qui montre que si n est impair, p est pair.

Théorème. — *Dans un réseau régulier l'excès est un nombre positif ou nul.* Ceci revient à dire que si n est pair, la classe est au moins p; si n est impair, elle est au moins $p+1$. En effet, si $n = 2m$, il y a mp chemins dont au plus m par catégories, car $m+1$ chemins exigeraient $2(m+1) = n+2$ sommets. Il y a donc au moins p catégories. Si $n = 2m+1$, on a $p = 2q$ et il y a $q(2m+1)$ chemins dont au plus m par catégories, car $m+1$ chemins exigeraient $2(m+1) = n+1$ sommets. Il y a donc au moins $2q+1 = p+1$ catégories.

Nous avons vu qu'un réseau complet était bien d'excès nul. Examinons de plus près le cas des réseaux polygonaux.

Si $n = 2m+1$, cas où $p = 2q$, le réseau est formé de q éléments (a), (b), (c), ..., l'élément (a), par exemple, admettant pour un de ses côtés la droite qui joint les sommets o et a. Il est alors possible, comme nous allons le montrer, d'avoir, dans de nombreux cas, des réseaux d'excès nul en répartissant les chemins en $p+1 = 2q+1$ catégories.

Si, par exemple, les éléments (a), (b), (c),... sont chacun d'un seul tenant, ce qui a toujours lieu en particulier pour n premier, mettons dans une première catégorie tous les chemins formés de côtés ou de diagonales parallèles au côté $0-1$. Les chemins restants dans (a), qui sont en nombre pair, peuvent alors être facilement répartis en deux catégories nouvelles, de même pour (b), etc..., ce qui donne en tout $2q+1$ catégories.

Si, $n = 2m+1$, n'est pas premier, on obtient encore un excès nul lorsque aucun des éléments (a), (b), (c),... n'est d'un seul tenant, mais que les P. G. C. D. α, β, γ,... de a et n, b et n, c et n,... sont premiers entre eux deux à deux et de produit n, cas qui se présente assez souvent. Soient A, B, C,... les quotients de n par α, β, γ,..., les entiers α, β, γ, ..., A, B, C, ..., étant d'ailleurs tous impairs. (a) est alors formé de α polygones ayant chacun A côtés. Nous allons répartir les chemins en $2q+1$ catégories de numéros $0, 1, 1', 2, 2', \ldots, q, q'$ en donnant, comme nous le verrons, aux côtés de (a) un des numéros $0, 1, 1'$, à ceux de (b) les numéros $2, 2'$ et si besoin est un des numéros antérieurs, à ceux de (c), 3 et $3'$ et si besoin est un des numéros antérieurs, etc...

Soit P_1 l'un des A polygones qui forment (a). Une rotation de b angles-unités donne un polygone P_2 qui fait aussi partie de (a) et ainsi de suite jusqu'à P_B. Ces B polygones qui d'ailleurs ne forment pas tout (a) en général ont pour sommets les points : $0, \alpha\beta, 2\alpha\beta, \ldots (AB-1)\alpha\beta$. Les sommets de $P_1, P_2, \ldots P_B$ déduits de l'un d'entre eux par les rotations successives forment un polygone Q appartenant à (b) et l'on trouve ainsi A de ces polygones qui, en général, ne font pas tout (b). Numérotons maintenant, ce qui peut se faire de bien des façons, les chemins de P_1 avec les numéros 0, 1, 1' réservés à (*a*). Les chemins de $P_2, P_3, \dots P_n$ déduits par rotation d'un chemin 0 de P_1 sont numérotés 0, 1, 1, ..., 1, ceux qui sont déduits d'un chemin 1 sont numérotés 1, 1', 1', ..., 1' et enfin ceux qui proviennent d'un chemin 1' sont numérotés 1', 0, 0, ..., 0. Dans chaque polygone Q, le chemin unique qui joint un sommet de P_1 à un de P_2 peut recevoir un et un seul des numéros 0, 1, 1' sans qu'il y ait à craindre que deux chemins ayant une extrémité commune aient le même numéro. On répartit ensuite les autres chemins de Q entre les deux catégories 2 et 2'.

Introduisons maintenant l'élément (*c*). Soit R_1 le réseau formé par l'ensemble des polygones P et Q, réseau dont tous les sommets sont numérotés 0, 1, 1', 2 ou 2'. Une rotation de *c* angles-unités transforme R_1 en R_2, puis $R_3, \dots, R_c$. Un sommet quelconque de R donne naissance après *c* rotations aux sommets d'un polygone S qui appartient à l'élément (*c*). Les sommets des réseaux R ou si l'on veut des polygones S sont les points $0, \alpha\beta\gamma, 2\alpha\beta\gamma, \dots (ABC - 1)\alpha\beta\gamma$. Si l'on considère maintenant les divers chemins qui proviennent par rotation d'un même chemin de R_1, on leur donne dans R_2 le même numéro que dans R_1, mais dans $R_3, R_4, \dots R_c$ le numéro qui se déduit du préécdent par permutation circulaire des termes de la suite 0, 1, 1', 2, 2'. On verra que, dans chaque polygone S, le côté qui va d'un sommet de R_1 à un sommet de R_2 peut se numéroter avec un des numéros 0, 1, 1', 2, 2' les autres côtés de ce polygone S étant répartis dans les catégories 3 et 3'. On adjoindra de même l'élément (*d*) et ainsi de suite jusqu'à épuisément, ce qui montre que le réseau total est bien d'excès nul.

Si *n* est pair : $n = 2m$, il y a également de nombreux cas où l'excès est nul. Il en est par exemple ainsi comme on le verra aisément lorsque les divers polygones qui constituent les éléments du réseau ont un nombre pair de côtés, même si l'un des éléments est formé de *m* diamètres. Dans tout autre cas, on pourra décomposer le réseau en trois : R_0, R_1, R_2. Le réseau R_0 contiendra tous les éléments formés de polygones ayant un nombre de côtés pair, avec, s'il y a lieu, l'élément formé de *m* diamètres. Le réseau $R_1 + R_2$ formé des autres éléments n'est pas simple et se décompose en deux dont l'un R_1 a pour sommets les points 0, 2, 4,... et l'autre R_2 les points 1, 3, 5..., ils se déduisent l'un de l'autre par rotation. On verra que si R_1 est d'excès nul, il en est de même du réseau primitif.

Cette propriété d'avoir un excès nul, qui est peut être exacte pour tous les réseaux polygonaux, ne s'étend pas à tous les réseaux réguliers comme le montrent deux exemples assez dissemblables que voici : A) Prenons les neuf sommets d'un nonagone régulier 1, 2, 3, ... 8, 9. Le réseau sera formé des côtés, des trois diagonales 1-5, 2-7, 4-8 et, en plus, des trois chemins qui joignent 3, 6 et 9 à un dixième sommet 0. Ce réseau d'excès égal à 1 n'est pas d'ailleurs cerclé et c'est là le réseau d'ordre minimum non cerclé. B) Prenons maintenant deux réseaux complets d'ordre 5 de sommets 1, 2, 3, 4, 5 et 1', 2', 3', 4', 5' et supprimons les chemins 1-2 et 1'-2' pour les remplacer par les chemins 1-1' et 2-2'. On obtient ainsi un réseau régulier d'ordre 10 d'excès égal à 1. D'ailleurs pour tout réseau régulier d'ordre inférieur à 10 l'excès est nul.

Rang des réseaux polygonaux. — Si la classe d'un réseau polygonal va croissant avec le degré, il n'en est pas forcément de même du genre. C'est ainsi que parmi les réseaux d'ordre 12, il en est de genre 2 et de degré 6 et aussi de genre 3 et de degré 4. On a cependant le théorème suivant qui est évident :

THÉORÈME. — *Le genre d'un réseau contenu dans un autre est inférieur ou au plus égal au genre du réseau contenant.*

THÉORÈME. — *Un réseau polygonal d'ordre impair supérieur à 5, formé de deux éléments, est tripartie ou tétrapartie.* On peut remarquer que l'ordre n étant impair, le rang ne peut pas être 2. Nous désignerons par (a), (b) les deux éléments qui forment le réseau et nous considérerons divers cas :

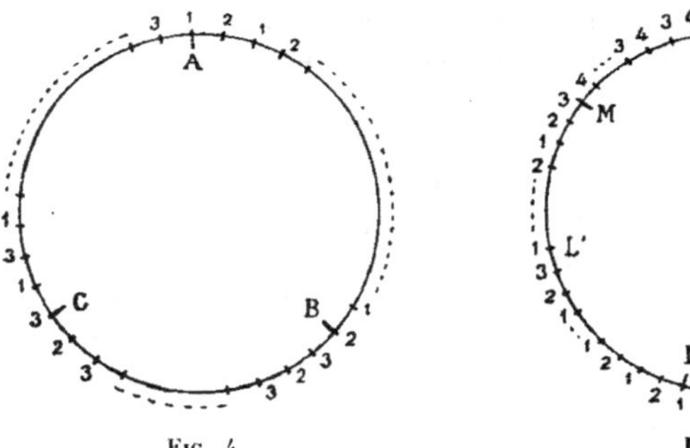

FIG. 4. FIG. 5.

1) $b = 1$, *a impair.* — L'élément (b) est un polygone à n sommets (*fig.* 4) que l'on peut représenter suivant un cercle. Prenons-y trois points A, B, C tels que les arcs AB et BC soient égaux à a arc-unités. Si l'arc CA n'est pas inférieur à a arcs-unités, numérotons les sommets successifs de AB : 1, 2, 1, 2, ..., 1, 2, ceux de BC : 2, 3, 2, 3, ..., 2, 3 et ceux de CA : 3, 1, 3, 1, ..., 3, 1. On s'assurera que cette numérotation convient et que le réseau est par suite tripartie. Si l'arc CA est inférieur à a arcs-unités, le réseau est au plus tétrapartie, comme on le verra en numérotant les sommets de l'arc BC : 2, 3, 4, 3, 4, ..., 4, 3, 4, 3. Il peut arriver dans ce dernier cas que le réseau soit tripartie, mais il n'en est pas toujours ainsi. Par exemple, pour $n = 13$ $a = 5$, on a un réseau tétrapartie, qui est d'ailleurs de tous les réseaux considérés ici celui dont l'ordre est minimum. On vérifiera que si n est multiple de 3, mais non a, le réseau est toujours tripartie.

2) $b = 1$, *a pair*. — Le réseau est au plus tétrapartie comme nous allons le montrer. Soient A, A', B, B', C, C', ..., K, K', L, L' (*fig.* 5) des sommets en nombre pair, tels que chaque côté AA', A'B, ..., K'L sous-tende a arcs-unités, l'arc AL étant supposé inférieur à $2a$ arcs-unités. Les sommets des arcs AA' et A'B, ou BB' et B'C, ..., ou KK' et K'L sont numérotés 1, 2, 1, 2, 1, 2, ..., 2, 1, 3, 2 et 2, 1, 2, 1, 2, ..., 2, 1, 2, 4, 1. L'arc LL' est numéroté 1, 2, 1, 2, 1, ..., 1, 2, 3. Quant à l'arc AL' s'il est inférieur à a arcs-unités, on le numérote 1, 4, 3, 4, 3, ..., 4, 3 et on vérifiera que cette notation convient. Si AL' est supérieur à a arcs-unités, on prend un arc AM égal à a arcs-unités, que l'on numérote comme sur la figure 1, 4, 3, 4, ..., 3, 4, 3, l'arc ML' étant alors numéroté 3, 2, 1, 2, ..., 1, 2, 1, 3. On vérifiera encore que cette numérotation est acceptable. Cette démonstration ne s'applique pas si n est trop petit. En examinant les premières valeurs de n, on trouvera un cas d'exception : $n = 5$, $a = 2$ pour lequel le réseau est complet et le genre égal à 5. Ici encore le réseau peut être tripartie, par exemple si n est multiple de 3, mais non a.

3) *b premier avec n*. — Numérotons les sommets de b en b : 0, 1, 2, 3, ... et traçons un réseau homéomorphe à celui dont nous venons de parler et dans lequel les sommets correspondants aux précédents seront les sommets consécutifs d'un polygone régulier. On verra que le nouveau réseau est encore polygonal d'ordre impair et l'on est ramené à l'un des deux cas précédents. Ce mode de correspondance sera d'ailleurs étudié plus longuement au chapitre suivant.

4) *a et b non premiers avec n*. — Si ni a, ni b ne sont premiers avec n, les éléments (a) et (b) sont formés chacun de plusieurs polygones et l'on peut se ramener, comme nous l'avons fait plus haut pour établir qu'un réseau polygonal est toujours cerclé, à un quadrillage (*fig.* 3) formé de A lignes horizontales et de B lignes verticales. On numérotera sur les lignes de rang pair, les sommets consécutifs 1, 2, 1, 2, ..., 2, 3, sur les lignes de rang impair : 2, 3, 2, 3, ..., 3, 1, la dernière ligne portant les numéros : 3, 1, 3, 1, ..., 1, 2.

Théorème. — *Un réseau polygonal d'ordre pair, formé de deux éléments est bipartie, tripartie ou tétrapartie.* Soit $n = 2m$ l'ordre du réseau et (a), (b) les deux élements considérés. Ici encore on a divers cas à considérer.

1) $b = 1$, *a impair*. — Le réseau est visiblement bipartie.

2) $b = 1$, $a = 2q$, *q étant premier avec m*. — Si m est pair, on numérote les sommets 1, 2, 3, 4, 1, 2, 3, 4, ... Si m est impair on numérote quatre sommets consécutifs 1, 3, 4, 2 puis de deux en deux on numérote les sommets correspondants à 1, 4 avec seulement les numéros 1 et 3 de façon à n'introduire aucune contradiction, ce qui est facile en mettant, de q en q, alternativement 1 et 3. De même, de deux en deux, les sommets correspondants à 3, 2 seront numérotés avec 2 et 4.

3) $b = 1$, $a = 2q$, *q n'étant pas premier avec m.* — Si δ est le P. G. C. D. de m et q, on a $m = \alpha\delta$, $q = \beta\delta$ avec α, β premiers entre eux. Divisons les sommets en δ catégories, la première comprenant les points $0, \delta, 2\delta, \ldots$, la deuxième $1, \delta + 1, 2\delta + 1, \ldots$, la troisième $2, \delta + 2, 2\delta + 2, \ldots$, etc... On numérotera les sommets de la première catégorie comme s'ils étaient seuls en procédant comme dans le cas précédent, α et β jouant ici respectivement les rôles que jouaient m et q. La deuxième catégorie utilisera les mêmes numéros 1, 2, 3, 4 mais après une permutation circulaire quelconque; la troisième se déduira de même de la deuxième par une nouvelle permutation arbitraire, etc... On évitera simplement que la dernière catégorie ait les mêmes numéros que la première.

4) *b premier avec n.* — On se ramène au cas où $b = 1$ comme il a été dit dans le cas où n étant impair, b était premier avec n.

5) *a et b non premiers avec n.* — En procédant comme plus haut (n impair, a et b non premiers avec n) on se ramène à un quadrillage de A horizontales et B verticales. Si A et B sont pairs, le réseau est bipartie. Supposons donc B impair; on numérote alors sur les lignes 1, 3, 5, 7 ... les sommets consécutifs : 1, 2, 1, 2, ..., 2 ou 1, 3, 1, 2, ..., 2, 3 suivant la parité. Sur les lignes 2, 4, 6, 8, ... on numérote 2, 3, 2, 3, ..., 3 ou 2, 3, 2, 3, ..., 3, 1. Quant à la dernière ligne, elle est numérotée 3, 1, 3, 1, ..., 1 ou 3, 1, 3, 1, ..., 1, 2.

Théorème. — *La condition nécessaire et suffisante pour qu'un réseau polygonal d'ordre n, composé des éléments $(a), (b), (c), \ldots$ soit bipartie est que n soit pair et $a, b, c, \ldots$ impairs.* Ce théorème, qui concerne le cas où le nombre des éléments est quelconque, est facile à établir.

Autres propriétés des réseaux polygonaux. — Pour chercher la puissance d'un réseau polygonal ou plus généralement régulier d'ordre n et de degré p, mettons d'une part q sommets ($2q \leqslant n$) et de l'autre les $n - q$ autres sommets. Si Q est le nombre des chemins joignant entre eux les q sommets, il y a $S = pq - 2Q$ chemins allant d'un groupe à l'autre. Le minimum de S est la puissance. Pour une valeur de q, S prend la valeur s minimum si les q sommets considérés forment un noyau et on a alors $s = q(p - q + 1)$; pour $q = 2$ il a la valeur $2(p - 1)$. D'autre part, s croît avec q jusqu'à ce que $2q$ dépasse p, décroît en reprenant la valeur $2(p - 1)$ pour $q = p - 1$, puis continue à reprendre; donc en remarquant que $p \geqslant q$, on voit que s ne pourra être inférieur à $2(p - 1)$ que si $q = p$. Dans ce cas, la puissance a sa valeur minimum p. Ceci arrive par exemple pour le réseau polygonal d'ordre 10, de degré 5 formé des trois éléments (2), (4), (5).

La recherche empirique des dimensions d'un réseau polygonal est immédiate. Ces dimensions sont les mêmes pour tous les sommets. La longueur est alors égale à la largeur. Pour une valeur donnée de n la dimension n'est égale à 1 que si le réseau est complet.

Si deux réseaux polygonaux d'ordre n sont associés, les éléments du premier étant $(a), (b), (c), \ldots$ et ceux du second $(a'), (b'), (c'), \ldots$, la liste complète de ces nombres doit redonner la liste $1, 2, 3, \ldots, m$, avec $n = 2m$ ou $n = 2m + 1$. Inversement, on aura un réseau polygonal associable en prenant arbitrairement dans cette liste des entiers $a, b, c, \ldots$, tels que $n, a, b, c, \ldots$ soient premiers entre eux dans leur ensemble et tels que les entiers restants $a', b', c', \ldots$ jouissent de la même propriété. Il existe d'ailleurs des réseaux polygonaux semi-complets : celui qui est d'ordre minimum est le réseau à 13 sommets composé des éléments (1), (3), (4).

Théorème. — *Un réseau polygonal n'est sphérique que s'il est d'ordre pair : $n = 2m$, et formé des éléments* (1), (2) *ou* (2), (m). Ce théorème s'établit aisément en remarquant qu'un réseau n'est pas sphérique s'il a deux éléments d'un seul tenant, ou si l'un des deux éléments étant d'un seul tenant, l'autre comprend plus d'un polygone. Dans le cas ou aucun des éléments n'est d'un seul tenant, on se ramène à la représentation torique du réseau déjà utilisée pour démontrer qu'un réseau polygonal n'est jamais cerclé.

Réseaux particuliers. — Parmi les cas particuliers de réseaux polygonaux qu'il serait facile d'étudier d'une façon plus approfondie, on peut citer les réseaux à deux éléments. Par exemple, pour $n = 2m$ le réseau polygonal formé des deux éléments (1), (m) ou (2), (m) est de classe et de rang 3, de puissance 4. La dimension d'un tel réseau est le plus petit entier non inférieur à la moitié de m. Le second cas est celui d'un prisme régulier dont la base a m côtés. Ici m est forcément impair, et un prisme régulier dont la base a un nombre pair de côtés est un réseau semi-polygonal, mais non polygonal. On peut noter aussi que des cinq polyèdres réguliers deux seulement, le tétraèdre et l'octaèdre, donnent des réseaux polygonaux, les trois autres donnant des réseaux semi-polygonaux.

Nous terminerons ce chapitre en donnant pour les premières valeurs de n la liste des réseaux polygonaux distincts, c'est-à-dire tels que deux d'entre eux ne soient pas homéomorphes. Nous verrons plus loin comment on peut s'assurer que deux réseaux polygonaux sont ou non homéomorphes. La deuxième colonne du tableau contient la liste des éléments qui constituent le réseau. Dans la colonne « observations », la lettre C indique que le réseau est complet, A qu'il est associable, P ou P' qu'on a un polyèdre régulier ou un prisme, enfin S que le réseau est sphérique [1].

[1] Faisons remarquer, une fois pour toutes, que l'établissement de ce tableau, comme de tous ceux que nous aurons l'occasion de donner par la suite, est souvent extrêmement pénible. Aussi, malgré le soin apporté et les nombreuses vérifications faites, il pourrait s'y être glissé des erreurs, et nous nous en excusons par avance.

Réseaux polygonaux.

Nombre des sommets.	ÉLÉMENTS	Degré.	Classe.	Rang.	Puissance.	Dimension.	Observations.	Nombre des sommets.	ÉLÉMENTS	Degré.	Classe.	Rang.	Puissance.	Dimension.	Observations.
4	1,2	3	3	4	4	1	CPS	11	1,2,3,4	8	9	6	14	2	
5	1,2	4	5	5	6	1	C	11	1,2,3,4,5	10	11	11	18	1	C
6	1,2	4	4	3	6	2	PS	12	1,2	4	4	3	6	3	AS
6	1,3	3	3	2	4	2	P'S	12	1,3	4	4	2	6	3	A
6	2,3	3	3	3	3	2	S	12	1,4	4	4	3	6	3	A
6	1,2,3	5	5	6	8	1	C	12	1,5	4	4	2	6	3	A
7	1,2	4	5	4	6	2		12	1,6	3	3	3	4	3	A
7	1,2,3	6	7	7	10	1	C	12	2,3	4	4	3	6	2	A
8	1,2	4	4	4	6	2	AS	12	3,4	4	4	4	6	3	A
8	1,3	4	4	2	6	2		12	1,2,3	6	6	4	10	2	A
8	1,4	3	3	3	4	2	A	12	1,2,4	6	6	3	10	2	A
8	1,2,3	6	6	4	10	2		12	1,2,5	6	6	3	10	2	A
8	1,2,4	5	5	4	8	2		12	1,2,6	5	5	4	8	2	A
8	1,3,4	5	5	4	8	2		12	1,3,4	6	6	4	10	2	A
8	1,2,3,4	7	7	8	12	1	C	12	1,3,5	6	6	2	10	2	
9	1,2	4	5	3	6	2	A	12	1,3,6	5	5	4	8	2	A
9	1,3	4	5	3	6	2	A	12	1,4,5	6	6	3	10	2	A
9	1,2,3	6	7	5	10	2		12	1,4,6	5	5	3	8	2	A
9	1,2,4	6	7	3	10	2		12	1,5,6	5	5	4	8	3	A
9	1,2,3,4	8	9	9	14	1	C	12	2,3,4	6	6	3	10	2	A
10	1,2	4	4	4	6	3	AS	12	2,3,6	5	5	4	8	2	A
10	1,3	4	4	2	6	3	A	12	3,4,6	5	5	4	8	2	A
10	1,4	4	4	3	6	2	A	12	1,2,3,4	8	8	6	14	2	A
10	1,5	3	3	2	4	3	A	12	1,2,3,5	8	8	4	14	2	
10	2,5	3	3	3	4	3	AP'S	12	1,2,3,6	7	7	4	12	2	A
10	1,2,3	6	6	5	10	2	A	12	1,2,4,5	8	8	3	14	2	
10	1,2,4	6	6	5	10	2	A	12	1,2,4,6	7	7	6	12	2	A
10	1,2,5	5	5	4	8	2	A	12	1,2,5,6	7	7	4	12	2	A
10	1,3,5	5	5	2	8	2		12	1,3,4,5	8	8	6	14	2	
10	1,4,5	5	5	3	8	2	A	12	1,3,4,6	7	7	4	12	2	A
10	2,4,5	5	5	5	5	2	A	12	1,3,5,6	7	7	4	12	2	
10	1,2,3,4	8	8	5	14	2		12	1,4,5,6	7	7	4	12	2	A
10	1,2,3,5	7	7	6	12	2		12	2,3,4,6	7	7	6	12	2	A
10	1,2,4,5	7	7	5	12	2		12	1,2,3,4,5	10	10	6	18	2	
10	1,2,3,4,5	9	9	10	16	1	C	12	1,2,3,4,6	9	9	6	16	2	
11	1,2	4	5	4	6	3	A	12	1,2,3,5,6	9	9	4	16	2	
11	1,3	4	5	3	6	2	A	12	1,2,4,5,6	9	9	4	16	2	
11	1,2,3	6	7	6	10	2	A	12	1,3,4,5,6	9	9	6	16	2	
11	1,2,4	6	7	4	10	2	A	12	1,2,3,4,5,6	11	11	12	20	1	C

CHAPITRE II

Réseaux polygonaux et semi-congruences.

Réseaux polygonaux homéomorphes. — Numérotons de o à $n-1$, et dans un ordre arbitraire, les sommets d'un réseau polygonal d'ordre n, puis traçons un second réseau dont les sommets soient ceux d'un polygone régulier numérotés dans l'ordre habituel. Si l'on fait correspondre deux à deux les sommets de même numéro,

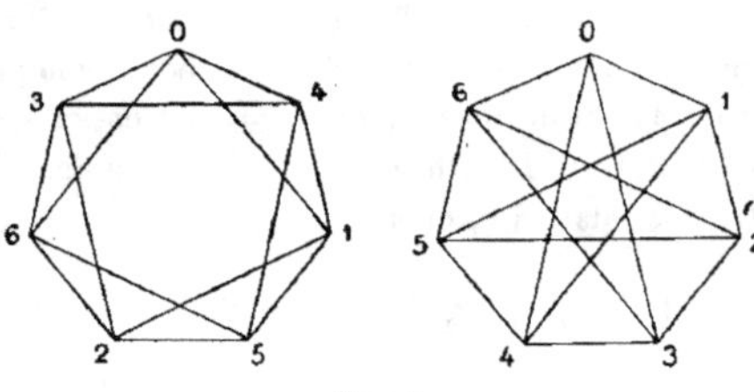

Fig. 6.

on construit un second réseau homéomorphe au premier, donc identique à lui au point de vue qui nous occupe, quoique ayant, en général, un aspect distinct. Il peut arriver (*fig. 6*) que ce second réseau soit aussi mis sous une forme polygonale. On en conclut que deux réseaux polygonaux, en apparence distincts, peuvent être

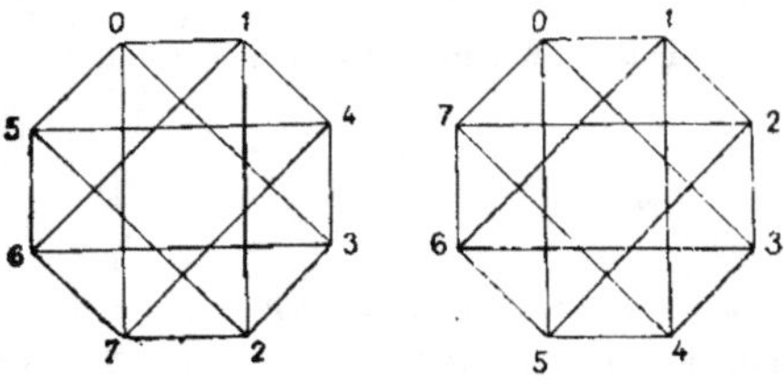

Fig. 7.

homéomorphes. La correspondance qui a été utilisée ici est appelée une *correspondance régulière* parce que dans le premier réseau les numéros o, 1, 2, ... sont ceux des sommets successifs d'un polygone étoilé. Il peut arriver aussi qu'une *correspondance irrégulière* fasse correspondre deux réseaux (*fig. 7*). L'étude des correspondances régulières qui fait l'objet de ce chapitre et du suivant suppose l'examen préalable de deux questions dont l'une est celle des « semi-congruences » qui sera traitée un peu plus loin et dont l'autre peut s'énoncer ainsi :

Polygones (T). — *Étant donné un cercle partagé en m parties égales, quel est le nombre des polygones convexes, distincts, ayant leurs sommets pris parmi ces m points de divisions?* Deux de ces polygones, que nous appellerons les *polygones* (T), seront considérés comme distincts si, quel que soit l'entier k, on ne peut passer de l'un à l'autre par une rotation de k angles-unités, l'angle-unité étant ici la $m^{\text{ième}}$ partie de la circonférence. Nous désignerons par T_m le nombre total des polygones (T) et par T^p_m le nombre de ceux qui ont p sommets ($p \leqslant m$). Nous considérerons comme polygones (T) le polygone réduit à un sommet ($p = 1$) ou à un côté, corde du cercle ($p = 2$). Un polygone (T) *admet la rotation* r lorsqu'il coïncide avec lui-même par une rotation de un $r^{\text{ième}}$ de circonférence et non par une rotation d'un angle moindre. S'il n'admet aucune rotation : $r = 1$. L'entier r est un des diviseurs : $1, a, b, \ldots, d$ du P.G.C.D d de m et p. Si ${}_rT^p_m$ désigne le nombre des polygones (T) admettant la rotation r, on a :

$$T^p_m = {}_1T^p_m + {}_aT^p_m + \ldots + {}_dT^p_m.$$

THÉORÈME. — $T^p_m = T^{m-p}_m$ *et* ${}_rT^p_m = {}_rT^{m-p}_m$.

La démonstration est immédiate.

THÉORÈME. — $\dfrac{1}{m} . C^p_m = {}_1T^p_m + \dfrac{1}{a} . {}_aT^p_m + \ldots + \dfrac{1}{d} . {}_dT^p_m$.

Il suffit de remarquer que, C^p_m désignant le nombre des combinaisons de m sommets p à p, tout polygone admettant la rotation r se retrouve $\dfrac{m}{r}$ fois dans la liste des polygones (T).

THÉORÈME. — ${}_{sr}T^{sp}_{sm} = {}_rT^p_m$.

On vérifiera sans peine ce théorème, d'où résulte que les trois indices m, p, r peuvent être multipliés ou divisés par un facteur arbitraire. Nous utiliserons constamment cette propriété.

Ces préliminaires étant terminés, nous allons supposer maintenant que n et q sont deux nombres fixes, premiers entre eux, jouant un rôle analogue à m et p, et nous poserons :

$$C^q_n = C, \quad C^{sq}_{sn} = C(s), \quad T^q_n = T, \quad T^{sq}_{sn} = T(s), \quad {}_rT^{rsq}_{rsn} = T_r(rs) = T_1(s),$$

n et q étant premiers entre eux, on a : $T = T_1 = \frac{1}{n} C$ et aussi : $T_1(s) = T = \frac{1}{n} . C$.
Nous désignerons par $\alpha, \beta, \gamma, \ldots$ divers facteurs premiers tous différents. En partant des deux égalités :

$$\frac{1}{\alpha n} . C(\alpha) = T_1(\alpha) + \frac{1}{\alpha} . T_\alpha(\alpha), \qquad T(\alpha) = T_1(\alpha) + T_\alpha(\alpha)$$

et remarquant que $T_\alpha(\alpha) = \frac{1}{n} . C$, on en déduit :

$$\alpha n T(\alpha) = C(\alpha) + (\alpha - 1) C$$

On aura de façon analogue :

$$\begin{aligned}\alpha\beta n . T(\alpha\beta) &= \alpha\beta n [T_1(\alpha\beta) + T_\alpha(\alpha\beta) + T_\beta(\alpha\beta) + T_{\alpha\beta}(\alpha\beta)] \\ &= C(\alpha\beta) + (\beta - 1) C(\alpha) + (\alpha - 1) C(\beta) + (\alpha - 1)(\beta - 1) C\end{aligned}$$

et aussi :

$$\alpha\beta n T_1(\alpha\beta) = C(\alpha\beta) - C(\alpha) - C(\beta) + C = C(\alpha - 1)(\beta - 1)$$

Avec une notation symbolique dont la signification est évidente, on établira plus généralement de façon analogue les égalités

$$\begin{aligned}\alpha\beta\gamma \ldots n T_1(\alpha\beta\gamma \ldots) &= C(\alpha - 1)(\beta - 1)(\gamma - 1) \ldots, \\ \alpha\beta\gamma \ldots n T(\alpha\beta\gamma \ldots) &= C(\alpha\beta\gamma \ldots) + \Sigma(\alpha - 1) C(\beta\gamma \ldots) + \Sigma(\alpha - 1)(\beta - 1) C(\gamma \ldots) + \ldots \\ &\quad + (\alpha - 1)(\beta - 1)(\gamma - 1) \ldots C.\end{aligned}$$

Ces formules répondent à la question dans le cas où d ne contient que des facteurs premiers tous distincts. S'il n'en est pas ainsi, on se ramène aux cas précédents en utilisant des formules telles que les suivantes :

$$\frac{1}{n} . C(\alpha^2\beta) = \alpha^2\beta T_1(\alpha^2\beta) + \alpha^2 T_1(\alpha^2) + \alpha\beta T_1(\alpha\beta) + \alpha T_1(\alpha) + \beta T_1(\beta) + T$$

formule où tous les indices de T ont été ramenés à la valeur 1. On en déduira, par des calculs sans difficultés qu'il est inutile de reproduire, une formule générale que l'on peut mettre sous la forme symbolique suivante (en remarquant que pour $a = 1$, il faut remplacer $\alpha^a - \alpha^{a-1}$ par $\alpha - 1$) :

$$\alpha^a\beta^b\gamma^c \ldots n T_1(\alpha^a\beta^b\gamma^c \ldots) = C(\alpha^a - \alpha^{a-1})(\beta^b - \beta^{b-1})(\gamma^c - \gamma^{c-1}) \ldots$$

Toute valeur de T dont l'indice n'est pas 1 se ramène au cas précédent. On trouvera par exemple :

$$\alpha^2\beta n T(\alpha^2\beta) = C(\alpha^2\beta) + (\beta - 1)\,C(\alpha^2) + (\alpha - 1)\,C(\alpha\beta) + (\alpha - 1)(\beta - 1)\,C(\alpha)$$
$$+ (\alpha^2 - \alpha)\,C(\beta) + (\alpha^2 - \alpha)(\beta - 1)\,C.$$

Il serait facile de revenir aux notations primitives. C'est ainsi que, dans les cas les plus simples, on a les formules suivantes qui ne contiennent que des nombres de combinaisons :

$$nT^q_n = C^q_n,$$
$$\alpha n T^{\alpha q}_{\alpha n} = \alpha n T^q_n + C^{\alpha q}_{\alpha n} - C^q_n = (\alpha - 1)\,C^q_n + C^{\alpha q}_{\alpha n},$$
$$\alpha^2 n T^{\alpha^2 q}_{\alpha^2 n} = \alpha^2 n T^{\alpha q}_{\alpha n} + C^{\alpha^2 q}_{\alpha^2 n} - C^{\alpha q}_{\alpha n} = \alpha(\alpha - 1)\,C^q_n + (\alpha - 1)\,C^{\alpha q}_{\alpha n} + C^{\alpha^2 q}_{\alpha^2 n},$$
$$\alpha\beta n T^{\alpha\beta q}_{\alpha\beta n} = \alpha\beta n T^{\alpha q}_{\alpha n} + \alpha\beta n T^{\beta q}_{\beta n} + C^{\alpha\beta q}_{\alpha\beta n} - C^{\alpha q}_{\alpha n} - C^{\beta q}_{\beta n} + C^q_n$$
$$= (2\alpha\beta - \alpha - \beta + 1)\,C^q_n + (\beta - 1)\,C^{\alpha q}_{\alpha n} + (\alpha - 1)\,C^{\beta q}_{\beta n} + C^{\alpha\beta q}_{\alpha\beta n}.$$

Le tableau qui suit donne les valeurs de T^p_m, seulement pour $2p \leqslant m$, car $T^{m-p}_m = T^p_m$. La première colonne ($p = 1$) a été supprimée, car $T^p_m = 1$. La colonne marquée T_m donne la somme des valeurs de T quand, m restant fixe, p prend toutes les valeurs possibles.

m	T_m	$p = 2$	$p = 3$	$p = 4$	$p = 5$	$p = 6$	$p = 7$	$p = 8$	$p = 9$	$p = 10$
3	3	1								
4	5	2								
5	7	2								
6	13	3	4							
7	19	3	5							
8	35	4	7	10						
9	59	4	10	14						
10	107	5	12	22	26					
11	187	5	15	30	42					
12	352	6	19	43	66	81				
13	631	6	22	55	99	132				
14	1181	7	26	73	143	217	246			
15	2191	7	31	91	201	335	429			
16	4115	8	35	116	273	504	715	810		
17	7711	8	40	140	364	728	1144	1430		
18	14608	9	46	172	476	1039	1768	2438	2704	
19	27595	9	51	204	612	1428	2652	3978	4862	
20	52484	10	57	243	776	1944	3876	6310	8398	9253

Semi-congruences. — Soit n un entier qui sera le *module* et r le reste de division par n d'un entier s : on peut d'ailleurs avoir $r = s$. Le plus petit des deux nombres r, $n - r$ s'appellera le *semi-résidu* de s suivant le module n, l'indication du module étant supprimée si aucune confusion n'est à craindre. a et b sont *semi-congrus* s'ils ont même semi-résidu, ce que l'on écrit

$$a \equiv b \,(\text{mod. } n) \qquad \text{ou} \qquad a \equiv b.$$

Si la théorie des semi-congruences ressemble sur beaucoup de points à celle des congruences, il y a cependant des différences profondes qui proviennent surtout du fait que la relation ci-dessus n'entraîne nullement $a - b \equiv 0$.

Les semi-résidus possibles sont l'un des nombres $0, 1, 2, \ldots, m$, en posant, suivant les cas, $n = 2m$ ou $n = 2m + 1$. Notons que a et $-a$ ont même semi-résidu. On voit encore que si $a \equiv b$, c'est que $a + b$ ou $a - b$ sont congrus à zéro et réciproquement.

Dans tout ce qui suit nous laisserons systématiquement de côté le cas de $n = 4$, car l'étude des réseaux d'ordre 4 ne présente aucune difficulté, et que l'examen de ce cas particulier alourdirait de façon sensible l'étude des semi-congruences.

Nous appellerons *nombre semi-premier* tout entier de la forme a^α ou $2.a^\alpha$ en désignant par a un nombre premier impair quelconque, et par α un exposant supérieur ou égal à 1.

Théorème. — *La condition nécessaire et suffisante pour que toute solution de l'une des congruences ou semi-congruences $x^2 \equiv 1$ et $x \equiv 1$ soit solution de l'autre est que leur module commun n soit semi-premier.* On voit d'abord que toute solution de $x \equiv 1$ satisfait à $x^2 \equiv 1$. Supposons donc que x vérifie $x^2 \equiv 1$, ce qui suppose que $(x-1)(x+1)$ soit divisible par n. Si n est égal à a ou à a^α, il divise l'un des facteurs $x - 1$, $x + 1$ et un seul, car ils ne peuvent avoir que 2 comme P.G.C.D; donc on a encore $x \equiv 1$. Si $n = 2.a^\alpha$, les deux facteurs sont divisibles par 2 et l'un d'eux par a^α; donc on a encore $x \equiv 1$. Établissons maintenant que, si n n'est pas semi-premier, il n'y a pas identité entre la congruence et la semi-congruence. On peut toujours écrire $n = A.B$, les deux facteurs A et B, premiers entre eux, étant supérieurs à 1 et tels qu'ils soient tous deux impairs, ou l'un impair et l'autre différent de 2. En utilisant les résultats classiques de la théorie des congruences, on établira qu'il existe alors des nombres x tels que l'un des nombres $x + 1$, $x - 1$ soit divisible par A et l'autre par B. Dans ce cas, aucun n'est divisible par n, et ces nombres x ne vérifient pas $x \equiv 1$.

Par les mêmes raisonnements que dans la théorie des congruences, on établira que si r est premier avec $n (r \leqslant m)$, les $m + 1$ semi-résidus : $0, r_1, r_2, \ldots, r_m$ des termes de la progression $0, r, 2r, \ldots, mr$ sont tous différents et reproduisent, dans un certain ordre, la liste o, 1, 2, ..., m. En particulier, il y a un r_s égal à 1, ce que l'on peut écrire $r.s \equiv 1$. Si l'on prolonge indéfiniment la progression o, r, $2r$, ..., on trouve une liste de semi-résidus o, r_1, r_2, ..., r_{m-1}, r_m, r_{m-1}, ..., r_1, o, r_1, ..., si n est pair, et une suite analogue pour n impair avec deux termes consécutifs égaux à r_m. Si r n'est pas premier avec m, en supposant toujours $r \leqslant m$, on peut écrire $r = r'd$ et $n = n'd$, r' et n' étant premiers entre eux. On trouvera pour les semi-résidus de la progression : o, r_1, r_2, ..., $r_{m'-1}$, $r_{m'}$, $r_{m'-1}$, ..., r_1, o, r_1, ..., si $n' = 2m'$, et une suite analogue avec deux termes consécutifs égaux à $r_{m'}$, si $n' = 2m' + 1$. Il y a ici $m' + 1$ semi-résidus distincts : o, r_1, r_2, ..., $r_{m'}$, qui sont dans un certain ordre les entiers o, 1, 2, ..., m'.

Transformations r. — Considérons un certain nombre d'entiers a, b, c, ... pris dans la liste 1, 2, 3, ..., m. Nous dirons que l'on fait subir à l'un de ces entiers, a, la *transformation* r si on le remplace par le semi-résidu r_a de ar. Le tableau de concordance des nombres a et de leurs transformés r_a est alors le suivant (on a : $r_1 = r$) :

$$\begin{array}{llllll} a = 1 & 2 & 3 & 4 & \ldots\ldots & m \\ r_a = r & r_2 & r_3 & r_4 & \ldots\ldots & r_m . \end{array}$$

On peut, sans changer la signification du tableau, intervertir les colonnes et l'écrire :

$$\begin{array}{lllll} a = 1 & r & s & t & \ldots\ldots \\ r_a = r & s & t & u & \ldots\ldots \end{array}$$

ou encore plus simplement : 1, r, s, t, u, ..., liste dans laquelle la transformation r remplace chaque terme par celui qui suit. On voit de plus que s est le semi-résidu de r^2, t, de r^3, etc...

Divers cas peuvent se produire. Si n est premier et par suite impair : $n = 2m + 1$, il peut se faire que la liste 1, r, s, t, u, ... contienne tous les semi-résidus possibles. Ceci a lieu pour $n = 31$, $r = 3$, qui conduit à 1, 3, 9, 4, 12, 5, 15, 14, 11, 2, 6, 13, 8, 7, 10. Mais il peut aussi se faire qu'elle se décompose en plusieurs listes distinctes. Par exemple, pour $n = 31$ et $r = 2$, on trouve, en partant de 1, la première liste : 1, 2, 4, 8, 15; l'entier 3 non utilisé donne, avec la même transformation : 3, 6, 12, 7, 14; enfin, avec 5, on trouve : 5, 10, 11, 9, 13. Ces trois listes comprennent tous les semi-résidus possibles. Si n n'est pas premier, il y a, avec la notation de Gauss, $\varphi(n)$ entiers inférieurs à n et premiers avec lui, et comme $\varphi(n)$ est pair, nous poserons toujours $\varphi(n) = 2m$. Il y a ici m semi-résidus différents pour les puissances d'un entier r premier avec n. On retrouve d'ailleurs les deux cas déjà rencontrés. C'est ainsi que pour $n = 34$, $m = 8$ et $r = 3$, on a la liste

1, 3, 9, 7, 13, 5, 15, 11 qui contient les 8 semi-résidus possibles. Mais pour $r = 9$, on a les listes 1, 9, 13, 15 et 3, 7, 5, 11.

Dans le cas général, pour étudier la transformation r, en supposant r premier avec n, nous poserons $\varphi(n) = 2m$, que n soit ou non premier. Les semi-résidus des puissances de r forment, comme on le verra, une liste périodique : $1, r, r^2, \ldots, r^{q-1}, 1, r, \ldots$ Si q est le plus petit exposant pour lequel $r^q \equiv 1$, on dit que r *appartient au semi-exposant* q. Si l'on a $r^s \equiv 1$, s est multiple de q. Comme il y a au plus m semi-résidus distincts, la valeur maximum de q est m. Si ceci a lieu, on dit que r est une *racine semi-primitive* de n.

Théorème. — *Le semi-exposant q auquel appartient r, premier avec n, est un diviseur de m.* On démontre ce théorème comme le théorème analogue de la théorie des congruences : ayant dressé la liste $1, r, r^2, \ldots, r^{q-1}$, on prend un semi-résidu s non utilisé et l'on vérifie que les semi-résidus de $s, sr, sr^2, \ldots, sr^{q-1}$ sont distincts entre eux et distincts des précédents : un nombre t non utilisé donnera une nouvelle liste $t, tr, tr^2, \ldots, tr^{q-1}$, et ainsi de suite. Il faut noter que, comme on pourra le vérifier sur des exemples numériques, les nombres $s, t, \ldots$ n'appartiennent pas forcément au semi-exposant q.

Théorème. — *Si r appartient au semi-exposant q, il en est de même de r^ρ si ρ est premier avec q*, car si $(r^\rho)^\alpha \equiv 1$, c'est que $\rho\alpha$, donc α, est multiple de q, et sa plus petite valeur est q. En donnant à ρ les $\varphi(q)$ valeurs qu'il peut prendre, y compris $\rho = 1$, on voit qu'il y a ainsi $\varphi(q)$ racines appartenant au semi-exposant q. En particulier, on voit que si r est une racine semi-primitive, il y en a $\varphi(m)$:

Théorème. — *Il y a 0 ou $\varphi(m)$ racines semi-primitives de module n.*

Si ρ n'est pas premier avec q, on pose $\rho = u.d$ et $q = v.d$, u et v étant premiers entre eux. Si $(r^\rho)^\alpha \equiv 1$, c'est que $ud\alpha$ est multiple de vd, ou α multiple de vd, ou α multiple de v. Donc α est au moins égal à v et r^ρ appartient au semi-exposant v inférieur à q et diviseur de q.

Théorème. — *Toutes les racines semi-primitives de n se déduisent de l'une d'elles r en prenant tous les nombres r^ρ, pour lesquels ρ est inférieur à m et premier avec lui.* Ce théorème fondamental complète le précédent. Il résulte immédiatement de ce qui précède, en remarquant que tout entier est semi-congru à l'un des nombres r^ρ, et que si ρ n'est pas premier avec m, r^ρ appartient à un semi-exposant inférieur à m.

Théorème. — *Si r appartient d'une part au semi-exposant q et d'autre part à l'exposant q', on a $q' = q$ ou $q' = 2q$.* Ce théorème permettra d'utiliser pour les semi-congruences certaines propriétés déjà établies pour les congruences. Pour le démontrer, supposons que r appartienne au semi-exposant q, c'est-à-dire que seuls les nombres r^q, r^{2q}, ..., r^{sq}, ... soient semi-congrus à 1. Le nombre q' appartient à cette liste. Si l'on a $r^q \equiv 1$, c'est que $q' = q$, sinon $r^q \equiv -1$, et alors $r^{2q} \equiv 1$ et $q' = 2q$.

Théorème. — *Si n est semi-premier, toute racine primitive de n est racine semi-primitive de n.* Car si r est racine semi-primitive de n, il appartient à l'exposant $2m$; donc, d'après ce qui précède, au semi-exposant $2m$ ou m. Mais, quel que soit r, on a $r^m \equiv 1$; donc r appartient au semi-exposant m.

Existence des racines semi-primitives. — Étant donné un module n, y a-t-il toujours des racines semi-primitives pour ce module? S'il y a une racine semi-primitive, on sait d'ailleurs qu'il y en a $\varphi(m)$. Les nombres semi-premiers sont, d'après la théorie classique des congruences, les seuls qui admettent une racine primitive. On en conclut que si n est semi-premier, il admet $\varphi(m)$ racines semi-primitives. On a d'ailleurs les théorèmes qui suivent :

Théorème. — *$n = 3^\alpha$ admet 2 comme racine semi-primitive.* Ici $m = 3^{\alpha-1}$. On démontre le théorème par récurrence, en admettant que $2^{3^{\alpha-1}} = -1 + p.3^\alpha$, p n'étant pas divisible par 3, et élevant au cube, ce qui donne : $2^{3^\alpha} = -1 + p'.3^{\alpha+1}$, p' étant aussi non divisible par 3. On établirait par un raisonnement complètement analogue le théorème suivant qui ne concerne pas, il est vrai, un nombre semi-premier : Théorème. *$n = 2^\alpha$ admet 3 comme racine semi-primitive.*

Théorème. — *$n = a^\alpha$, si a est premier impair, et $\alpha > 1$, admet 2 comme racine semi-primitive, pourvu que $2^{a-1} - 1$ ne soit pas divisible par a^2.* En posant $a = 2a' + 1$, on a ici $m = a'a^{\alpha-1}$. Cherchons si 2 est racine primitive de n. Par hypothèse, $2^{2a'} - 1 = (2^{a'} - 1)(2^{a'} + 1)$ est divisible par a d'après le théorème de Fermat, et ne l'est pas par a^2. On a donc $2^{a'} = \pm 1 + p'.p^{\beta}$, p' n'étant pas divisible par a. On en conclut que $2^{a'.a^{\beta-1}} \mp 1$, et par suite $2^{2a'.a^{\beta-1}} - 1$, n'est divisible par n que pour $\beta = \alpha$, ce qui démontre le théorème. On sait d'ailleurs (W. Meisner) que de 1 à 2000 le seul nombre premier a pour lequel $2^a - 1$ soit divisible par a^2 est 1093.

Dans le cas de n semi-premier, il n'est pas toujours possible de dire *a priori* s'il y a ou non des racines semi-primitives. On peut cependant établir un certain nombre de théorèmes généraux.

Théorème. — *Si r est racine semi-primitive du produit nn', c'est aussi une racine semi-primitive de l'un quelconque des facteurs n.* Écrivons $n = N.\Delta$ et $n' = N'\Delta'$, les nombres Δ et Δ' contenant tous les facteurs premiers communs à n et n' avec chaque fois l'exposant le plus élevé possible. On vérifiera que :

$$\varphi(n) = \varphi(N).\varphi(\Delta), \qquad \varphi(nn') = \varphi(N)\varphi(N')\varphi(\Delta\Delta') = \varphi(N)\varphi(N').\Delta'\varphi(\Delta).$$

Si donc $\varphi(n) = 2m$, on aura $\varphi(nn') = 2mm'$ avec $m' = \Delta'\varphi(N')$. Le nombre m' est d'ailleurs pair : $m' = 2p$.

Considérons maintenant, en les classant par ordre de grandeur, d'une part les $2mm'$ entiers ρ inférieurs à nn' et premiers avec lui : $1, \rho_1, \rho_2, \ldots, \rho_{mm'-1}, \rho_{mm'}, \rho_{mm'+1}, \ldots, \rho_{2mm'}$, et d'autre part les $2m$ entiers ω inférieurs à n et premiers avec lui. Prenons un des nombres ρ et le nombre ω auquel il est congru (mod. n). Tous les autres nombres ρ congrus à ω (mod. n) sont congrus (mod. nn') à certains des nombres de la liste : $\rho, \rho + n, \rho + 2n, \ldots, \rho + (n'-1)n$. Dans cette progression arithmétique, il faut garder les seuls termes premiers avec nn', ou avec $n' = N'\Delta$, ou enfin avec N'. Cette progression se décompose en Δ' progressions de N' nombres fournissant chacune $\varphi(N')$ nombres premiers avec nn'. On a donc $\Delta'\varphi(N') = m' = 2p$ nombres congrus à ω (mod. n). Passons des congruences aux semi-congruences, ce qui va nous donner des résultats analogues.

Associons à chaque nombre ρ le nombre $nn' - \rho$ également premier avec nn' et faisons correspondre terme à terme les deux progressions :

$$\begin{array}{ccccc} \rho & \rho + n & \rho + 2n & \ldots & \rho + (n'-1)n \\ (nn'-\rho) + nn' & (nn'-\rho) + (n'-1)n & (nn'-\rho) + (n'-2)n & \ldots & (nn'-\rho) + n. \end{array}$$

Les termes correspondants sont deux à deux semi-congrus (mod. nn'). Ils sont de plus tous congrus à ω (mod. n) ; il y a donc p nombres ρ inférieurs à $\frac{nn'}{2}$ et p nombres supérieurs à $\frac{nn'}{2}$ congrus à chaque nombre ω (mod. n). Les mn' semi-résidus de ρ (mod. nn') étant p à p semi-congrus (mod. n) aux nombres ω sont donc $2p$ à $2p$, ou m' à m', semi-congrus (mod. n) aux demi-résidus de ces nombres ω, puisqu'ils sont eux-mêmes semi-congrus deux à deux.

Ce point étant établi, soit r une racine semi-primitive de nn'. Les nombres $1, r, r^2, \ldots, r^{mm'-1}$ sont semi-congrus (mod. nn') aux mm' nombres ρ ; disposons-les comme suit :

$$\begin{array}{ccccc} 1 & r & r^2 & \ldots & r^{m-1} \\ r^m & r^{m+1} & r^{m+2} & \ldots & r^{2m-1} \\ . & . & . & \ldots & . \\ r^{(m'-1)m} & r^{(m'-1)m+1} & r^{(m'-1)m+2} & \ldots & r^{mm'-1} \end{array}$$

Comme, quel que soit r, on a $r^m \equiv 1$ (mod. n), dans chaque colonne les nombres sont semi-congrus entre eux (mod. n). Démontrer que r est racine semi-primitive de n, c'est établir que dans la première ligne du tableau il ne peut y avoir deux nombres semi-congrus entre eux (mod. n), ce qui résulte de la démonstration précédente, puisque dans ce tableau il ne peut y avoir que m' nombres semi-congrus entre eux (mod. n).

Ce théorème général étant établi, considérons un nombre n décomposé en facteurs premiers, et nous désignerons dans tout ce qui suit par $a, b, c, \ldots$ des facteurs premiers impairs distincts. On a alors soit $n = 2^\theta a^\alpha b^\beta c^\gamma \ldots$, soit $n = a^\alpha b^\beta c^\gamma \ldots$ Si r est premier avec n et par suite avec $a, b, c, \ldots$, le nombre $r^{\varphi(2^\theta)}$ est congru à 1 (mod. 2^θ), de même $r^{\varphi(a^\alpha)}$ est congru à 1 (mod. a^α), etc... Si p est le P.P.C.M. de $\varphi(2^\theta)$, $\varphi(a^\alpha)$, ... ou de $\varphi(a^\alpha)$, $\varphi(b^\beta)$, ..., on voit que r^p est congru à 1 (mod. n) et r appartient à l'exposant p ou à un exposant sous-multiple de p. On en déduirait en particulier que r n'est racine primitive que si $p = 2m = \varphi(n) = \varphi(2^\theta)\varphi(a^\alpha) \ldots$ ou $p = \varphi(a^\alpha)\varphi(b^\beta) \ldots$, ce qui montrerait à nouveau que n doit être semi-premier, propriété déjà connue.

Théorème. — *$n = a^\alpha b^\beta c^\gamma \ldots$, avec au moins trois facteurs premiers impairs différents, n'a pas de racine semi-primitive.* Avec les notations qui précèdent, et en posant $a = 2a' + 1$, $b = 2b' + 1$, $c = 2c' + 1$, ..., on a :

$$\begin{aligned} 2m = \varphi(n) &= \varphi(a^\alpha)\varphi(b^\beta)\varphi(c^\gamma) \ldots = a^{\alpha-1} b^{\beta-1} c^{\gamma-1} \ldots (a-1)(b-1)(c-1) \ldots \\ &= 2 \,.\, 2 \,.\, 2 \ldots a^{\alpha-1} b^{\beta-1} c^{\gamma-1} \ldots a'b'c' \ldots \end{aligned}$$

p, étant le P.P.C.M. de $a^{\alpha-1}(a-1) = 2a'a^{\alpha-1}$ et des quantités analogues, est inférieur à m, et au plus égal à $\frac{2m}{2^2} = \frac{m}{2}$. Donc tout entier r appartient à l'exposant $\frac{m}{2}$ ou à un exposant plus faible, ce qui justifie l'énoncé.

Si n est divisible par 2 : $n = 2^\theta a^\alpha b^\beta$, on a :

$$2m = \varphi(n) = 2^{\theta-1} a^{\alpha-1} b^{\beta-1}(a-1)(b-1) = 2^{\theta+1} a^{\alpha-1} b^{\beta-1} a'b'$$

Ici p est au plus égal à $2^{\theta-1} a^{\alpha-1} b^{\beta-1} a'b'$ si $\theta > 1$. Le résultat précédent continue à s'appliquer. Il en est encore de même, comme on le verra, si $\theta = 1$ à condition que l'un au moins des nombres a', b' soit pair : Théorème. *$n = 2^\theta a^\alpha b^\beta$, avec $\theta > 1$ ou, si $\theta = 1$, lorsque l'un au moins des nombres a ou b est multiple de 4 plus 1, n'a pas de racine semi-primitive.*

Théorème. — *$n = 4.a^\alpha$ admet des racines semi-primitives et $n = 8.a^\alpha$ n'en admet pas.* Si $n = 4.a^\alpha$, on a : $m = a^{\alpha-1}(a-1) = 2m'$. Soit r une racine semi-primitive du nombre semi-premier $2.a^\alpha$; c'est un nombre impair et r^2 est multiple de 4 plus 1. Donc $r^m - 1 = r^{2m'} - 1$, divisible par $2.a^\alpha$, l'est aussi par $4.a^\alpha$, et ceci n'est pas possible pour un exposant inférieur à m : on voit que r est racine semi-primitive de $4.a^\alpha$. Si maintenant $n = 8.a^\alpha$, on a $m = 2a^{\alpha-1}(a-1) = 2m'$. Supposons que r soit racine semi-primitive de n : nous allons voir que c'est impossible. En effet,

r doit être racine semi-primitive de tout diviseur de n, donc de a^2 semi-premier, et on aurait $r^{m'} \equiv 1$ (mod. a^2) et, comme r est forcément impair, $r^{m'} \equiv 1$ (mod. 8), ce qui entrainerait $r^{m'} \equiv 1$ (mod. $8.a^2$), contrairement à l'hypothèse.

Théorème. — $n = 3.a^2$ *admet des racines semi-primitives*. Ici $m = a^{2-1}(a-1) = 2m'$. Prenons une racine primitive r de a^2 : on peut la supposer non multiple de 3, sans quoi on la remplacerait par $r + a^2$, qui est aussi racine primitive de a^2. Un tel nombre r est racine semi-primitive de $3.a^2$. En effet, les deux congruences $r^m \equiv 1$ (mod. a^2), $r^m \equiv 1$ (mod. 3), la première n'étant pas possible pour un exposant inférieur à m, entraînent $r^m \equiv 1$ (mod. $3.a^2$), sans que ceci soit possible pour un exposant inférieur à m. Donc r appartient à l'exposant $2m'$ (mod. $3.a^2$), c'est-à-dire au semi-exposant $2m'$ ou m' (mod. $3.a^2$). Ce dernier cas ne peut se présenter, car il entraînerait $r^{m'} \equiv 1$ (mod. a^2), ce qui n'est pas possible, r racine primitive de a^2 étant aussi racine semi-primitive de a^2.

Théorème. — *n étant impair, si l'un des nombres n, $2n$ a des racines semi-primitives, l'autre en a aussi.* On sait déjà que toute racine semi-primitive de $2n$ l'est aussi pour tout diviseur de $2n$. Il suffit donc ici de démontrer que si r est racine semi-primitive de n, il l'est aussi de $2n$. On éliminera le cas déjà traité ou $n = a^2$, cas où $2n$ est semi-premier, et l'on supposera r impair, sans quoi on le remplacerait par $r + n$, qui est aussi une racine semi-primitive de n. On a $\varphi(2n) = \varphi(n) = 2m$. L'entier r appartenant au semi-exposant m (mod. n) appartient à l'exposant m ou $2m$ (mod. n), mais n non semi-premier n'a pas de racine primitive et r appartient alors à l'exposant m. La congruence $r^m \equiv 1$ (mod. n) n'ayant pas lieu pour un exposant inférieur à m et r étant impair, on a $r^m \equiv 1$ (mod. $2n$), sans que ceci soit possible pour tout exposant inférieur à $m = 2m'$. Si r appartient à l'exposant $2m'$ (mod. $2n$), il appartient à ce même semi-exposant $2m'$ (mod. $2n$) et non pas à m', sans quoi $r^{m'} \equiv 1$ (mod. $2n$) entraînerait $r^{m'} \equiv 1$ (mod. n), contrairement à l'hypothèse.

Ces divers théorèmes ne permettent pas de résoudre dans tous les cas la question posée (par exemple, $n = 7.11$ a des racines semi-primitives, tandis que $n = 7.19$ n'en a pas), mais cependant ils donnent la réponse pour de très larges catégories d'entiers. Le tableau qui suit, limité à $n = 200$, donne, pour chaque valeur de n, les valeurs de $m(\varphi(n) = 2m)$, le nombre $\varphi(m)$ des racines semi-primitives s'il y en a, et enfin la plus petite racine semi-primitive R. On trouvera au chapitre suivant quelques renseignements complémentaires sur ceux des nombres qui n'ont pas de racines semi-primitives.

Racines semi-primitives des premiers entiers.

n	m	$\varphi(m)$	R	n	m	$\varphi(m)$	R	n	m	$\varphi(m)$	R	n	m	$\varphi(m)$	R
				56	12	4		106	26	12	3	156	24	8	
7	3	2	2	57	18	6	5	107	53	52	2	157	78	24	5
8	2	1	3	58	14	6	3	108	18	6	5	158	39	24	3
9	3	2	2	59	29	28	2	109	54	18	6	159	52	24	2
10	2	1	3	60	8	4		110	20	8	3	160	32	16	
11	5	4	2	61	30	8	2	111	36	12	2	161	66	20	3
12	2	1	5	62	15	8	3	112	24	8		162	27	18	5
13	6	2	2	63	18	6		113	56	24	3	163	81	54	2
14	3	2	3	64	16	8	3	114	18	6	5	164	40	16	7
15	4	2	2	65	24	8		115	44	20	2	165	40	16	
16	4	2	3	66	10	4	5	116	28	12	3	166	41	40	3
17	8	4	3	67	33	20	2	117	36	12		167	83	82	2
18	3	2	5	68	16	8	3	118	29	28	3	168	24	8	
19	9	6	2	69	22	10	2	119	48	16	3	169	78	24	2
20	4	2	3	70	12	4	3	120	16	8		170	32	16	
21	6	2	2	71	35	24	2	121	55	40	2	171	54	18	
22	5	4	3	72	12	4		122	30	8	7	172	42	12	5
23	11	10	2	73	36	12	5	123	40	16	7	173	86	42	2
24	4	2		74	18	6	5	124	30	8	7	174	28	12	11
25	10	4	2	75	20	8	2	125	50	20	2	175	60	16	2
26	6	2	7	76	18	6	13	126	18	6		176	40	16	
27	9	6	2	77	30	8	2	127	63	36	3	177	58	28	5
28	6	2	5	78	12	4	7	128	32	16	3	178	44	20	3
29	14	6	2	79	39	24	2	129	42	12	14	179	89	88	2
30	4	2	7	80	16	8		130	24	8		180	24	8	
31	15	8	3	81	27	18	2	131	65	48	2	181	90	24	2
32	8	4	3	82	20	8	7	132	20	8		182	36	12	
33	10	4	5	83	41	40	2	133	54	18		183	60	16	2
34	8	4	3	84	12	4		134	33	20	7	184	44	20	
35	12	4	2	85	32	16		135	36	12	2	185	72	24	
36	6	2	5	86	21	12	3	136	32	16		186	30	8	13
37	18	6	2	87	28	12	2	137	68	32	8	187	80	32	3
38	9	6	3	88	20	8		138	22	10	7	188	46	22	3
39	12	4	2	89	44	20	3	139	69	44	2	189	54	18	
40	8	4		90	12	4	7	140	24	8		190	36	12	3
41	20	8	6	91	36	12		141	46	22	2	191	95	72	2
42	6	2	11	92	22	10	3	142	35	24	3	192	32	16	
43	21	12	3	93	30	8	13	143	60	16	2	193	96	32	5
44	10	4	3	94	23	22	3	144	24	8		194	48	16	5
45	12	4	2	95	36	12	2	145	56	24		195	58	16	
46	11	10	3	96	16	8		146	36	12	5	196	42	12	5
47	23	22	2	97	48	16	5	147	42	12	2	197	98	42	2
48	8	4		98	21	12	3	148	36	12	5	198	30	8	5
49	21	12	2	99	30	8	5	149	74	36	2	199	99	60	2
50	10	4	3	100	20	8	3	150	20	8	13	200	40	16	
51	16	8	5	101	50	20	2	151	75	40	5				
52	12	4	7	102	16	8	5	152	36	12					
53	26	12	2	103	51	32	2	153	48	16	5				
54	9	6	5	104	24	8		154	30	8	3				
55	20	8	2	105	24	8		155	60	16	3				

CHAPITRE III

Correspondance des réseaux polygonaux.

Réseaux polygonaux dont l'ordre n est premier. – Revenons au point de départ de la question, telle qu'elle a été posée au début du chapitre précédent, et considérons un réseau polygonal d'ordre n premier, dont les sommets consécutifs sont numérotés 0, 1, 2, ... Ce réseau comprend p éléments : (a), (b), (c), ... formés chacun d'un seul polygone, a, b, c, ... étant au plus égaux à m, si l'on pose $n = 2m + 1$. Pour faire correspondre de façon régulière ce réseau à un second réseau homéomorphe, numérotons à nouveau les sommets de r en r à partir de zéro ; ces nouveaux numéros correspondent, comme on l'a vu, aux numéros consécutifs du réseau homéomorphe cherché. Le sommet dont le numéro est α portera ainsi un nouveau numéro qui sera semi-congru à αr, c'est-à-dire qui se déduira de α par ce que nous avons appelé, dans l'étude des semi-congruences, la transformation r. Nous avons vu que si l'on cherche les semi-résidus des puissances de r : 1, r, r^2, r^3, ... on obtient la liste 1, r, s, t, u, ... et que la transformation r substitue à un élément quelconque (r), (s), ... de la liste celui qui le suit : (s), (t), ... Si r est une racine semi-primitive de n, tous les nombres a, b, c, ... possibles apparaissent dans la liste 1, r, s, t, ..., et, étant donné un réseau (a), (b), (c), ..., on sait immédiatement quels sont les éléments (a'), (b'), (c'), ... qui constituent le réseau homéomorphe cherché. Les deux réseaux polygonaux (a), (b), (c), ... et (a'), (b'), (c'), ... qui sont ainsi homéomorphes apparaissent le plus souvent comme distincts.

w étant différent de r, étudions la transformation w. Si w est aussi racine semi-primitive de n, on retrouve, à l'ordre près, la liste précédente, sinon la liste des semi-résidus des puissances de w est plus courte ; mais, dans tous les cas, w se trouvant dans la liste 1, r, s, t, u, ..., est semi-congru à r^ω, et la transformation w peut être remplacée par ω transformations r successives. Une étude complète de la transformation r donnera donc toutes les correspondances régulières possibles.

Faisons maintenant intervenir les propriétés des polygones (T) définis au début du chapitre précédent. Étant donné un réseau polygonal formé de p éléments (a), (b), (c), ..., cherchons les nombres α, β, γ, ... inférieurs à m et déterminés de façon unique tels que l'on ait $r^\alpha \equiv a$, $r^\beta \equiv b$, $r^\gamma \equiv c$, ... Divisons d'autre part un cercle quelconque en m parties égales par des points 1, 2, 3, ..., m et associons au réseau (a), (b), (c), ... le polygone convexe (T) dont les p sommets sont les points du cercle de numéros α, β, γ, ... A tout réseau polygonal correspond ainsi un polygone (T) et inversement. Si r est une racine semi-primitive, la transformation r qui remplace 1 par r, r par r^2, ... ou par des nombres semi-congrus, revient précisément à une rotation de un $m^{ième}$ de circonférence du polygone (T). Toute autre transformation w, résultat de ω transformations r, correspond à ω rotations de un $m^{ième}$ de circonférence. On peut, par exemple, utiliser une telle méthode pour transformer le réseau polygonal considéré de façon que l'élément (a) devienne l'élément (1), car si $a \equiv r^q$, il suffira de faire $m - q$ transformations r successives pour remplacer a par $a.r^{m-q} \equiv 1$. Quoiqu'il en soit, on a le théorème fondamental qui suit :

THÉORÈME. — *A tout réseau polygonal d'ordre n et de p éléments on peut faire correspondre un polygone (T) de la liste T^p_m, de telle façon que deux réseaux polygonaux homéomorphes correspondent à deux polygones (T) se déduisant l'un de l'autre par rotation et réciproquement.*

On peut pousser encore plus loin cette correspondance : soit r un nombre qui ne soit pas racine semi-primitive de n : $r^q \equiv 1$, q étant diviseur de m. Il existe d'autre part ω, tel que $v \equiv r^\omega$, le produit $q\omega$ étant égal à m. Prenons le réseau polygonal composé des éléments (1), (v), (v^2), ..., (v^{q-1}); il lui correspond un polygone (T) qui ici est régulier et dont les q sommets sont ω, 2ω, 3ω, ..., $(q-1)\omega$. Ce polygone coïncide avec lui-même par la rotation $\frac{2\pi\omega}{m} = \frac{2\pi}{q}$, donc il admet la *rotation* r, au sens que nous avons donné à cette expression dans l'étude des polygones (T). De même la suite 1, r', r'', v, $r'v$, $r''v$, v^2, $r'v^2$, $r''v^2$, v^3, ... correspondrait à un polygone (T) de $3q$ sommets admettant la même rotation, etc... Inversement, tout polygone (T) admettant la rotation r sera obtenu de façon analogue.

Le théorème fondamental qui précède a pour corollaire le suivant, qui dans le cas actuel résoud le problème proposé :

THÉORÈME. — *Le nombre des réseaux polygonaux d'ordre n et de p éléments est* T^p_m. Par exemple, pour $n = 31$, donc $m = 15$ et $p = 3$, ce nombre est $T^3_{15} = {}_1T^3_{15} + {}_3T^3_{15} = 30 + 1 = 31$. La liste des semi-résidus (mod. 31) des puissances de la racine semi-primitive 3 est : 1, 3, 9, 4, 12, 5, 15, 14, 11, 2, 6, 13, 8, 7, 10. Les seules racines semi-primitives sont 3, 7, 9, 10, 11, 12, 13, 14. Quant aux autres entiers, ils donnent l'une ou l'autre des deux listes 1, 2, 4, 8, 15 ou 1, 5, 6. C'est ainsi que le réseau (1), (3), (9) est homéomorphe aux réseaux (3), (9), (4) ou (9), (4), (12), etc..., ou encore, en se bornant à des réseaux contenant l'élément (1), aux deux réseaux (1), (3), (10) et (1), (7), (10) en apparence distincts. De même encore (1), (5), (6), pour lequel le polygone (T) est un triangle équilatéral, n'est homéomorphe à aucun autre réseau contenant l'élément (1).

Répartitions des éléments en catégories. — Si n n'est pas premier, les éléments ne sont pas tous d'un seul tenant. On classera alors ces éléments en *catégories*, en plaçant dans une même catégorie les entiers admettant avec n le même P. G. C. D. Pour simplifier l'exposition, prenons un exemple numérique, $n = 150$. Les diviseurs de n sont ici : 1, 2, 3, 5, 6, 10, 15, 25, 30, 50, 75, et il y a 11 catégories. Dans l'une quelconque d'entre elles, la « catégorie 10 », se trouvent les entiers inférieurs ou égaux à 75, et qui admettent 10 comme P. G. C. D. avec 150. Ils sont au nombre de $\frac{1}{2}\varphi\left(\frac{150}{10}\right) = \frac{1}{2}\varphi(15) = 4$. La « catégorie 1 » contient les nombres premiers avec 150 et inférieurs ou égaux à 75, au nombre de $\frac{1}{2}\varphi(150) = 20$. Cependant la « catégorie 75 » contient $\varphi\left(\frac{150}{75}\right) = \varphi(2) = 1$ nombre. Voici la répartition des nombres par catégorie :

Catégorie 1 — 1, 7, 11, 13, 17, 19, 23, 29, 31, 37, 41, 43, 47, 49, 53, 59, 61, 67, 71, 73.
— 2 — 2, 4, 8, 14, 16, 22, 26, 28, 32, 34, 38, 44, 46, 52, 56, 58, 62, 64, 68, 74.
— 3 — 3, 9, 21, 27, 33, 39, 51, 57, 63, 69.
— 5 — 5, 35, 55, 65.
— 6 — 6, 12, 18, 24, 36, 42, 48, 54, 66, 72.
— 10 — 10, 20, 40, 70.
— 15 — 15, 45.
— 25 — 25.
— 30 — 30, 60.
— 50 — 50.
— 75 — 75.

Remarquons que seuls les nombres de la première ligne correspondent à des éléments d'un seul tenant : il n'en est pas de même des autres ; par exemple, dans la catégorie 10, les éléments sont formés chacun de 10 polygones à 15 côtés.

Dans le cas général, on verra de même que la catégorie d donne des éléments formés de d polygones à d' côtés, avec $dd' = n$. Cette catégorie contient $\frac{1}{2}\varphi\left(\frac{n}{d}\right) = \frac{1}{2}\varphi(d')$ termes. Le nombre des catégories est celui des diviseurs de n, y compris 1, mais non n. Si 1, d_1, d_2, d_3, ..., d'_3, d'_2, d'_1, n sont les diviseurs successifs de n, on a les deux identités, faciles à vérifier :

$$n \text{ impair : } \frac{1}{2}\varphi(d_1) + \frac{1}{2}\varphi(d_2) + \ldots + \frac{1}{2}\varphi(d'_2) + \frac{1}{2}\varphi(d'_1) + \frac{1}{2}\varphi(n) = \frac{n-1}{2}.$$

$$n \text{ pair : } 1 + \frac{1}{2}\varphi(d_2) + \ldots\ldots + \frac{1}{2}\varphi(d'_2) + \frac{1}{2}\varphi\left(\frac{n}{2}\right) + \frac{1}{2}\varphi(n) = \frac{n}{3}.$$

Si n pair n'est pas divisible par 4, comme ici pour $n = 150$, on peut associer deux à deux des diviseurs tels que d et $2d$ pour lesquels $\varphi(2d) = \varphi(d)$, et les catégories contiennent deux à deux le même nombre de termes, sauf la catégorie $\frac{n}{2}$ seule de son espèce.

Dans le cas où n n'est pas premier, il suffit d'envisager des transformations r, telles que r soit premier avec n, sans quoi si d est le P.G.C.D. de r et n, cette transformation remplacerait les sommets 0, 1, 2, ... par des sommets 0, r, $2r$, ... dont les numéros sont tous divisibles par d, et le nouveau réseau aurait $\frac{n}{d}$ sommets seulement au lieu de n.

Théorème. — *La transformation r appliquée à un élément quelconque a d'un réseau d'ordre n (r premier avec n) ne peut changer la catégorie de cet élément*, car le P.G.C.D. de a et n est le même que celui de ar et n. On est ainsi conduit à envisager, pour la catégorie d, les semi-résidus de a, ar, ar^2, ... Le nombre s des semi-résidus distincts est donné par le plus petit entier tel que $ar^s \equiv a$ (mod. n). En posant $a = a'd$ et $n = n'd$, on peut aussi écrire : $a'r^s \equiv a'$ (mod. n'), et par suite $r^s \equiv 1$ (mod. n'), ce qui montre que s a la même valeur pour tous les éléments de la catégorie d. Cet entier s est d'ailleurs un diviseur de $m = \frac{1}{2}\varphi(n)$.

Cas où n non premier admet une racine semi-primitive r. — Tout entier premier avec n étant de la forme r^ω, il suffit d'étudier la seule transformation r. Si nous reprenons le cas de $n = 150$, ce qui ne diminue en rien la généralité des raisonnements, faisons par exemple $r = 13$, 13 étant une racine semi-primitive de 150 et par suite de tous ses diviseurs. On peut dresser le tableau suivant, dans lequel sur chaque ligne horizontale, chaque nombre se déduit du précédent par la transformation $r = 13$, le premier se déduisant du dernier écrit. S'il n'y a qu'un nombre, c'est qu'il se reproduit par la transformation r.

Catégorie 1 — 1, 13, 19, 53, 61, 43, 41, 67, 29, 73, 49, 37, 31, 47, 11, 7, 59, 17, 71, 23.
— 2 — 2, 26, 38, 44, 28, 64, 68, 16, 58, 4, 52, 74, 62, 56, 22, 14, 32, 34, 8, 46.
— 3 — 3, 39, 57, 9, 33, 21, 27, 51, 63, 69.
— 5 — 5, 65, 55, 35.
— 6 — 6, 72, 36, 18, 66, 42, 54, 48, 24, 12.
— 10 — 10, 20, 40, 70.
— 15 — 15, 45.
— 25 — 25.
— 30 — 30, 60.
— 50 — 50.
— 75 — 75.

Si un réseau (A) est formé uniquement d'éléments de la première catégorie, tout se passe comme pour n premier, chaque entier est remplacé par celui qui le suit dans la liste 1, 13, 19, 53, ... et (A) devient ainsi (A_1), puis (A_2)... tous ces réseaux étant homéomorphes entre eux. Après q transformations, et non après un nombre moindre, on retrouve (A_q), composé des mêmes éléments que (A). On dit que *q est la période du réseau* (A). Ce nombre q est un diviseur de $m = 20$, nombre des termes de la première catégorie. Si l'on veut reprendre la représentation par les polygones (T), il faudra diviser un cercle en vingt parties égales. Un réseau tel que (1), (7), (11), (19) que l'on peut écrire avec des nombres semi-congrus (mod. 150) : 13^0, 13^{15}, 13^{14}, 13^2 se représentera par le quadrilatère convexe 0, 2, 14, 15 qui n'admet aucune rotation. La période du réseau est 20. Au contraire le réseau (1), (7), (43), (49) donne le quadrilatère 0, 5, 10, 15 qui admet la rotation 4. Le réseau considéré est de période $\frac{20}{4} = 5$ et il donne cinq réseaux homéomorphes :

(1), (7), (43), (49) (13), (59), (41), (37) (19), (17), (67), (31)
(53), (71), (29), (47) (61), (23), (71), (11).

Prenons maintenant un réseau (K) appartenant à une catégorie d autre que la permière. A vrai dire, il n'est pas d'ordre n, mais n', si $n = n'd$; on peut cependant laisser cette remarque de côté, car un tel réseau (K) ne sera utilisé que comme partie d'un réseau (R) plus général. Il n'y a alors rien à changer à ce qui précède. S'il y a m' termes dans la catégorie d, on divise un cercle en m' parties égales et l'on associe au réseau (K) un polygone (T) de rotation ω et de période q', avec $m' = \omega q'$. Par exemple, dans la catégorie 6, pour la transformation 13, le réseau (6), (12), (24) donne le triangle 0.8.9, car $6.13^0 \equiv 6$; $6.13^8 \equiv 24$ et $6.13^9 \equiv 12$ (mod. 150). Il n'y a aucune rotation, la période est 10. Dans la même catégorie, le réseau (6), (42) donne comme polygone (T) la corde 0 — 5 qui admet la rotation 2 : la période est donc 5 et on a cinq réseaux homéomorphes :

(6), (42) (72), (54) (36), (48) (18), (24) (66), (12).

Dans le cas général, le réseau (R) donné est découpé en réseaux partiels (A), (B), (C),... ne contenant chacun que des éléments d'une même catégorie. Le réseau (R) étant d'ordre n, ceci suppose que les nombres qui caractérisent les catégories et n sont premiers dans leur ensemble, condition toujours résolue s'il y a un élément de la première catégorie.

THÉORÈME. — *Si les réseaux* (A), (B), (C),... *sont de périodes respectives $a, b, c,$... le réseau total* (R) *a pour période le P. P. C. M. q de $a, b, c,$...* Ceci est évident si

5

$a = b = c = \ldots = q$. S'il n'en est pas ainsi, on remarquera d'abord que la transformation r^q redonne le réseau (B) sans que ceci soit possible pour $r^{q'}$ avec $q' < q$, car il y a toujours un des réseaux partiels qui n'est pas redevenu identique à lui-même. Si $\varphi(n) = 2m$, les entiers $a, b, c, \ldots$ étant diviseurs de m, il en est de même de q et m est la période maximum.

Si (A) contient r éléments et appartient à une catégorie comprenant u termes, le nombre des réseaux (A) non homéomorphes deux à deux est $\alpha = T^r_u$. On calcule de même β par (B), etc... Le nombre des réseaux (B) distincts que l'on peut former avec ces réseaux (A), (B), (C),... est $\alpha\beta\gamma\ldots$

Cas où n n'admet pas de racine semi-primitive. — Ici encore, pour fixer les idées, nous prendrons un exemple numérique : $n = 156$, d'où : $m = \frac{1}{2}\varphi(n) = 24$. La répartition des entiers de 1 à 78 en catégories est la suivante :

Catégorie 1 — 1, 5, 7, 11, 17, 19, 23, 25, 29, 31, 35, 37, 41, 43, 47, 49, 53, 55, 59, 61, 67, 71, 73, 77.
— 2 — 2, 10, 14, 22, 34, 38, 46, 50, 58, 62, 70, 74.
— 3 — 3, 9, 15, 21, 27, 33, 45, 51, 57, 63, 69, 75.
— 4 — 4, 8, 16, 20, 28, 32, 40, 44, 56, 64, 68, 76.
— 6 — 6, 18, 30, 42, 54, 66.
— 12 — 12, 24, 36, 48, 60, 72.
— 13 — 13, 65.
— 26 — 26.
— 39 — 39.
— 52 — 52.
— 78 — 78.

Ici encore on ne peut envisager une transformation r que si r est premier avec n et une telle transformation ne peut changer la catégorie d'un élément. Prenons $r = 7$. Comme 7 n'est pas racine semi-primitive, il faut deux ou plusieurs listes pour une catégorie donnée. Par exemple, pour la catégorie 1, on trouve comme semi-résidus (mod. 156) de $1, 7, 7^2, 7^3, \ldots$ la liste : 1, 7, 49, 31,... qui ne contient pas tous les entiers. En recommençant avec 11, on trouve pour les semi-résidus de $11, 11.7, 11.7^2, 11.7^3, \ldots$ la nouvelle liste 11, 77, 71, 29,... qui utilise les entiers restants. On a ainsi le tableau suivant pour la transformation 7.

Catégorie 1 — Première liste : 1, 7, 49, 31, 61, 41, 25, 19, 23, 5, 35, 67.
— Deuxième liste : 11, 77, 71, 29, 47, 17, 37, 53, 59, 55, 73, 48.
— 2 — 2, 14, 58, 62, 34, 74, 50, 38, 46, 10, 70, 22.
— 3 — 3, 21, 9, 63, 27, 33, 75, 57, 69, 15, 51, 45.
— 4 — 4, 28, 40, 32, 68, 8, 56, 76, 64, 20, 16, 44.
— 6 — 6, 42, 18, 30, 54, 66.
— 12 — 12, 72, 36, 60, 48, 24.
— 13 — 13, 65.
— 26 — 26.
— 39 — 39.
— 52 — 52.
— 78 — 78.

Ici seule la catégorie 1 comprend plus d'une liste, mais il y a souvent des cas plus compliqués. $r = 5$ donne six listes pour la catégorie 1, trois pour la catégorie 2, trois pour la catégorie 3, etc... Pour $n = 120$, il ne serait pas possible de décomposer en moins de quatre listes la catégorie 1.

Le réseau total (R) étant décomposé en réseaux partiels (A), (B), (C),... correspondants à des catégories différentes, il n'y a rien à changer aux remarques déjà données pour les catégories ne comportant qu'une liste. Mais supposons que (A) corresponde ici à la catégorie 1 où, pour $r = 7$, il y a deux listes. Aucune transformation 7^6 ne peut faire passer de l'élément (1) à l'élément (11). Donc, l'étude complète de la transformation 7 ne donne pas la liste complète des réseaux homéomorphes à (A) et il faut y rajouter une autre transformation, par exemple 11. Si, par exemple, (A) est le réseau (1), (5), (25), (31), la transformation 7 appliquée autant de fois que possible donne deux nouveaux réseaux : (7), (35), (19), (61) et (49), (67), (23), (41). Puis, une transformation 11 suivie de transformations 7 redonne trois réseaux homéomorphes aux précédents : (11), (55), (37), (29); (77), (73), (53), (47) et (71), (43), (59), (17). Il y a donc six réseaux homéomorphes provenant de (A). Plus généralement, si une catégorie donne k listes avec s réseaux partiels dans la première liste, il y aura ks réseaux homéomorphes deux à deux.

Pour faciliter les calculs dans un cas concret, nous donnons une table numérique concernant tous les entiers n qui n'ont pas de racines semi-primitives. m y désigne toujours $\frac{1}{3}\varphi(n)$; la colonne $r, r', r'',\ldots$ donne seulement les divers entiers qui appartiennent à l'exposant h le plus élevé, c'est-à-dire qui donnent la transformation la plus avantageuse. h est un diviseur de m et ne peut être égal à m, sans quoi, il y aurait une racine semi-primitive. Enfin la colonne « semi-résidus » donne pour le module n et pour le plus petit r des nombres $r, r', r'',\ldots$ les semi-résidus de la liste : $1, r, r^2, r^3, \ldots, r^{h-1}$.

Semi-résidus de r^4.

n	m	h	$r, r', r'', \ldots$	SEMI-RÉSIDUS
24	4	2	5, 7, 11	1, 5, 1
40	8	4	3, 7	1, 3, 9, 13
48	8	4	5, 11	1, 5, 23, 19
56	12	6	3, 5, 17	1, 3, 9, 27, 25, 19
60	8	4	7, 13	1, 7, 11, 17
63	18	6	2, 10, 11, 13	1, 2, 4, 8, 16, 31
65	24	12	3, 6	1, 3, 9, 27, 16, 17, 14, 23, 4, 12, 29, 22
72	12	6	5, 7, 11	1, 5, 25, 19, 23, 29
80	16	4	3, 7, 11, 13, 17, 19	1, 3, 9, 27
84	12	6	5, 11, 19	1, 5, 25, 41, 37, 17
85	32	16	3, 6	1, 3, 9, 27, 4, 12, 36, 23, 16, 37, 26, 7, 21, 22, 19, 28
88	20	10	3, 5, 17	1, 3, 9, 27, 7, 21, 25, 13, 39, 29
91	36	12	2, 5, 6, 11	1, 2, 4, 8, 16, 32, 27, 37, 17, 34, 23, 45
96	16	8	5, 11	1, 5, 25, 29, 47, 43, 23, 19
104	24	12	7, 11	1, 7, 49, 31, 9, 41, 25, 33, 23, 47, 17, 15
105	24	12	2, 17	1, 2, 4, 8, 16, 32, 41, 23, 46, 13, 26, 52
112	24	12	3, 5	1, 3, 9, 27, 31, 19, 55, 53, 47, 29, 25, 37
117	36	12	2, 5, 7, 19	1, 2, 4, 8, 16, 32, 53, 11, 22, 44, 29, 58
120	16	4	7, 13, 23, 43	1, 7, 49, 17
126	18	6	11, 23, 19, 31	1, 11, 5, 55, 25, 23
130	24	12	3, 11	1, 3, 9, 27, 49, 17, 51, 23, 61, 53, 29, 43
132	20	10	5, 13, 17	1, 5, 25, 7, 35, 43, 49, 19, 37, 53
133	54	18	2, 6, 17	1, 2, 4, 8, 16, 32, 64, 5, 10, 20, 40, 53, 27, 54, 25, 50, 33, 66
136	32	16	3, 7	1, 3, 9, 27, 55, 29, 49, 11, 33, 37, 25, 61, 47, 5, 15, 45
140	24	12	3, 17	1, 3, 9, 27, 59, 37, 29, 53, 19, 57, 31, 47
144	24	12	5, 11	1, 5, 25, 19, 49, 43, 71, 67, 47, 53, 23, 29
145	56	28	7, 11	1, 7, 49, 53, 64, 13, 54, 57, 36, 38, 24, 23, 16, 33, 59, 22, 9, 63, 6, 42, 4, 28, 51, 67, 34, 52, 71, 62
152	36	18	3, 13, 23	1, 3, 9, 27, 71, 61, 31, 59, 25, 75, 73, 67, 49, 5, 15, 45, 17, 51
156	24	12	7, 11	1, 7, 49, 31, 61, 41, 25, 19, 23, 5, 35, 67
160	32	8	3, 11, 13, 19	1, 3, 9, 27, 79, 77, 71, 53
165	40	20	2, 7	1, 2, 4, 8, 16, 32, 64, 37, 74, 17, 34, 68, 29, 58, 49, 67, 31, 62, 41, 82
168	24	6	5, 11, 17, 19, 23, 31, 37	1, 5, 25, 43, 47, 67
170	32	16	3, 11	1, 3, 9, 27, 81, 73, 49, 23, 69, 37, 59, 7, 21, 63, 19, 57
171	54	18	5, 10, 13	1, 5, 25, 46, 59, 47, 64, 22, 61, 37, 14, 70, 8, 40, 29, 26, 41, 34
176	40	20	3, 5	1, 3, 9, 27, 81, 67, 25, 75, 49, 29, 87, 85, 79, 61, 7, 21, 63, 13, 39, 59
180	24	12	7, 13	1, 7, 49, 17, 61, 67, 71, 43, 59, 53, 11, 77
182	36	12	5, 11, 15, 37	1, 5, 25, 57, 79, 31, 27, 47, 53, 83, 51, 73
184	44	22	3, 11, 17	1, 3, 9, 27, 81, 59, 7, 21, 63, 5, 15, 45, 49, 37, 73, 35, 79, 53, 25, 75, 41, 61
185	72	36	3, 19	1, 3, 9, 27, 81, 58, 11, 33, 86, 73, 34, 83, 64, 7, 21, 63, 4, 12, 36, 77, 46, 47, 44, 53, 26, 78, 49, 38, 71, 28, 84, 67, 16, 48, 41, 62
189	54	18	2, 11, 13	1, 2, 4, 8, 16, 32, 64, 61, 67, 55, 79, 31, 62, 65, 59, 71, 47, 94
192	32	16	5, 11	1, 5, 25, 67, 49, 53, 73, 19, 95, 91, 71, 29, 47, 43, 23, 77
195	48	12	2, 7, 11, 17, 43, 46	1, 2, 4, 8, 16, 32, 64, 67, 61, 73, 49, 97
200	40	10	3, 17	1, 3, 9, 27, 81, 43, 71, 13, 39, 83, 49, 53, 41, 77, 31, 93, 79, 37, 89, 67

Nombre de réseaux ayant n sommets. — Ce nombre se calcule dans chaque cas par les méthodes déjà indiquées, en utilisant les nombres T. On obtient ainsi pour les premières valeurs de n les nombres N qui suivent :

n	4	5	6	7	8	9	10	11	12	13	14	15	16	17	18	19
N	1	1	4	2	7	5	15	6	37	13	36	32	37	34	73	58

n	20	21	22	23	24	25	26	27	28	29	30
N	183	150	262	186	1009	420	797	703	760	1180	4639

Correspondance irrégulière des réseaux polygonaux. — Les résultats numériques que nous venons de donner ne sont exacts que s'il n'est pas possible d'établir, entre deux réseaux considérés comme distincts, ce que nous avons appelé une correspondance irrégulière. A vrai dire de telles correspondances ne sont pas possibles pour les premières valeurs de n : elles n'ont pas lieu non plus pour les réseaux formés de peu d'éléments, et nous ne savons pas s'il en peut exister. Quoi qu'il en soit, nous ne croyons pas utile de développer ici les quelques remarques que l'on peut faire à ce sujet.

Par contre, s'il s'agit de deux réseaux composés des mêmes éléments, il est facile d'établir entre eux des correspondances irrégulières. On s'appuiera pour cela sur les deux théorèmes suivants faciles à établir :

Théorème. — *Si deux réseaux sont associés et que l'un d'eux soit polygonal, l'autre est polygonal ou formé de plusieurs réseaux polygonaux.*

Théorème. — *S'il y a entre deux réseaux polygonaux une correspondance irrégulière, il y a la même correspondance entre les réseaux associés.*

Si donc on considère un réseau polygonal (R) dont un réseau associé (R') soit formé de plusieurs réseaux polygonaux, il suffira de trouver un réseau (R'_1) se déduisant de (R') par correspondance irrégulière pour en déduire une correspondance analogue entre (R) et (R_1) associés de (R') et (R'_1). Si l'on remarque que (R') peut être formé de segments de droites, ou de triangles, etc.., il est facile d'obtenir par cette méthode un grand nombre de correspondances irrégulières; mais on remarquera qu'il n'est pas possible de cette façon de passer d'un réseau polygonal à un autre qui ne soit pas composé des mêmes éléments.

DEUXIÈME PARTIE

Réseaux biparties.

CHAPITRE PREMIER

Propriétés générales.

Réseaux biparties. — D'après sa définition, un réseau bipartie est de rang 2, c'est-à-dire que tous les sommets peuvent être répartis en deux catégories $A_1, A_2, \dots, A_m$ et $B_1, B_2, \dots, B_n$, un sommet A n'étant jamais joint à un autre sommet A, ni un sommet B à un sommet B (*fig. 8*). Les réseaux biparties que nous considérerons habituellement seront des réseaux normaux. Parfois cependant ils seront composés de plusieurs réseaux normaux.

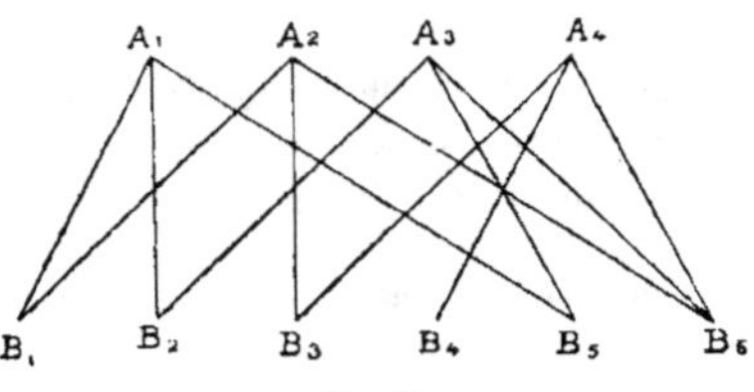

Fig. 8.

Si de $A_1, A_2, \dots, A_m$ partent respectivement $p_1, p_2, \dots, p_m$ chemins, et si de $B_1, B_2, \dots, B_n$ partent $q_1, q_2, \dots, q_n$ chemins, on a $\Sigma p = \Sigma q$. Si $p_1 = p_2 = \dots = q_1 = q_2 = \dots$, on a immédiatement le théorème suivant :

Théorème. — *Un réseau bipartie régulier a le même nombre de sommets dans chaque catégorie*. Nous appellerons un tel réseau *bi-régulier*.

Nous appellerons réseau *bipartie semi-régulier* tout réseau dans lequel $p_1 = p_2 = \dots = p_m = p$ et $q_1 = q_2 = \dots = q_n = q$, ce qui entraîne $pm = qn$. Si, d étant le P. G. C. D. de m et n, on pose $m = m'd$ et $n = n'd$, on aura aussi $p = n'\delta$ et $q = m'\delta$, et comme $p \leqslant n$, on a $\delta \leqslant d$. Si $d = \delta$, c'est que $p = n$, $q = m$: le réseau est dit *bi-complet;* il part alors de chaque sommet A ou B le nombre maximum de chemins. A tout réseau bipartie (R), on peut faire correspondre le réseau bipartie (R'), que l'on pourrait appeler *bi-associé* ayant les mêmes sommets que le premier et tel que l'ensemble des deux réseaux donne un réseau bi-complet.

Si (R) est un réseau simple, il n'en est pas forcément de même de (R'). Il peut d'ailleurs se faire que (R) soit homéomorphe à (R').

Propriétés générales. — Théorème. — *Dans un réseau bipartie, quel que soit le sommet de cote zéro, tous les sommets d'une même catégorie ont des cotes de même parité.* Ce théorème se démontre immédiatement ainsi que le suivant :

Théorème. — *Deux sommets de même cote ne sont jamais joints par un chemin, et réciproquement cette propriété suffit pour que les réseaux soient biparties.* Si l'on considère un circuit quelconque, on peut également vérifier la propriété suivante :

Théorème. — *La condition nécessaire et suffisante pour qu'un réseau soit bipartie est que tous les circuits du réseau soient pairs.* Si dans un réseau on trouve un seul circuit impair, le réseau n'est pas de rang 2. On a encore l'énoncé :

Théorème. — *Il n'existe aucun réseau normal dont tous les circuits soient impairs.* Si, en effet, on considère deux circuits impairs ayant un seul chemin en commun, la suppression de ce chemin créerait un circuit pair, contrairement à l'hypothèse.

Réseaux biparties cerclés. — On a immédiatement le théorème suivant :

Théorème. — *Dans un réseau bipartie cerclé, il y a le même nombre de sommets dans chaque catégorie.* Cette condition qui est nécessaire n'est pas suffisante, car on vérifiera que :

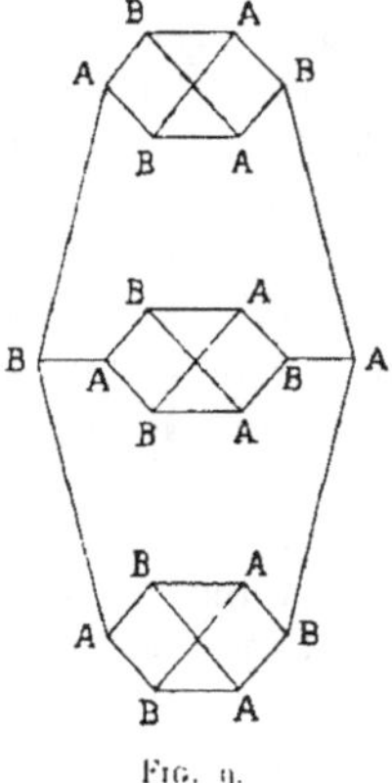

Fig. 9.

Théorème. — *Tout réseau simple ayant un isthme n'est pas cerclé.* Nous trouverons d'ailleurs un peu plus loin l'étude de réseaux biparties ayant un isthme. Même s'il n'y a pas d'isthme, un réseau bipartie n'est pas forcément cerclé. Par exemple, le réseau représenté (*fig. 9*) est bi-régulier, de degré 3, mais non cerclé. On l'obtient en prenant trois chemins allant d'un certain point A à un autre point B et intercalant sur chaque chemin un réseau d'ordre 6 qui est presque un réseau bi-complet. On obtiendra autant d'exemples analogues qu'on le voudra.

Si un réseau bipartie d'ordre $2n$ est cerclé, on peut le représenter sous la forme d'un cercle divisé en $2n$ parties égales, les points de division étant alternativement des points A et B et les cordes du cercle joignant toujours un point A à un point B, c'est-à-dire sous-tendant toutes un nombre impair d'arcs-unités. Ces réseaux ont comme tous les réseaux cerclés la propriété suivante :

Théorème. — *La condition nécessaire et suffisante pour qu'un réseau cerclé soit sphérique est qu'en supprimant tous les chemins qui constituent un circuit complet les autres chemins puissent être répartis en deux catégories formant chacune un réseau sphérique simple ou composé.*

Réseaux bi-complets et réseaux bi-réguliers. — Si un réseau d'ordre $2n$ est à la fois bi-complet et bi-régulier, il a, comme on le vérifiera, n^2 chemins, est cerclé et non sphérique. Il est de dimension 2 et peut être mis sous une forme telle qu'il ait $2n$ axes de symétrie; deux sommets quelconques sont indiscernables. Un tel réseau est d'ailleurs un réseau polygonal formé des éléments (1), (3), (5), ..., $(2k+1)$, en désignant par $2k+1$ le nombre impair égal à n ou $n-1$. Pour chercher la puissance d'un tel réseau, mettons d'un côté a sommets $A (2a \leqslant n)$ et b sommets B : on trouve $a+b-2ab$ chemins allant d'un groupe à l'autre. Ce nombre diminue avec b. Si donc $a \neq 1$, on prend $b=0$ qui conduit à an, de minimum $2n$. Si $a=1$ on a $b=1$, ce qui donne $2(n-1)$, valeur inférieure à la précédente et qui par suite est la puissance cherchée.

Un circuit complet quelconque pouvant s'écrire $A_1 B_{\beta_1} A_{\alpha_2} B_{\beta_2} A_{\alpha_3} B_{\beta_3} \ldots A_{\alpha_n} B_{\beta_n}$, il y a $n!$ dispositions des lettres β et $(n-1)!$ des lettres α. Comme un circuit peut être parcouru dans deux sens différents, le nombre des circuits complets est de la moitié de $n!(n-1)!$

Nous établirons dans le prochain chapitre la propriété fondamentale suivante, que nous allons utiliser dès maintenant : *un réseau bi-régulier de degré p est de classe p.* De là découle d'ailleurs l'extension suivante :

Théorème. — *La classe d'un réseau bipartie est donnée par le degré p du sommet qui a le degré le plus élevé,* car ce nombre p est visiblement une limite inférieure de la classe, et de plus, en ajoutant des chemins de façon à rendre le réseau bi-régulier et de degré p, on voit que c'est aussi une limite supérieure.

Prenons un réseau bi-complet et régulier d'ordre $2n$ et répartissons les chemins en n catégories. La première comprend les chemins $A_1 B_{\beta_1}$, $A_2 B_{\beta_2}$, ... $A_n B_{\beta_n}$, que l'on peut représenter par $\mathfrak{g}_1, \mathfrak{g}_2, \ldots, \mathfrak{g}_n$: la deuxième catégorie donnera $\mathfrak{g}'_1, \mathfrak{g}'_2, \ldots, \mathfrak{g}'_n$, et ainsi de suite. Cette répartition peut être résumée par le tableau carré :

$$\begin{array}{ccccc} \mathfrak{g}_1 & \mathfrak{g}_2 & \mathfrak{g}_3 & \ldots & \mathfrak{g}_n \\ \mathfrak{g}'_1 & \mathfrak{g}'_2 & \mathfrak{g}'_3 & \ldots & \mathfrak{g}'_n \\ \mathfrak{g}''_1 & \mathfrak{g}''_2 & \mathfrak{g}''_3 & \ldots & \mathfrak{g}''_n \\ . & . & . & \ldots & . \end{array}$$

Chaque ligne ainsi que chaque colonne contient dans un certain ordre les entiers de 1 à n. L'ordre des lignes étant indifférent, on peut supposer que la première colonne soit précisément 1, 2, 3, ... n. On retrouve ainsi les *carrés latins*. Une disposition toujours possible est celle que l'on obtient en déduisant chaque ligne de la précédente par une permutation circulaire. Le problème classique des « 36 officiers » qui se rattache aux carrés latins s'énoncerait ici : « étant donné un réseau bi-complet et régulier d'ordre 12, disposer les trente-six chemins en un tableau carré de façon que dans chaque ligne et dans chaque colonne on trouve un chemin et un seul issu de chacun des six sommets A et un chemin et un seul issu de chacun des six sommets B » on sait d'ailleurs que ce problème n'a aucune solution pour 36 officiers, mais que pour d'autres nombres il en admet.

Réseaux bi-cubiques. — Nous appellerons ainsi les réseaux bi-réguliers qui sont aussi des réseaux cubiques, c'est-à-dire les réseaux biparties dont tous les sommets sont de degré 3. Un tel réseau est, comme nous venons de le dire, de classe 3. Répartissons les chemins en trois catégories, puis supprimons l'une d'elles; il reste un ou plusieurs polygones (P) ayant un nombre pair de sommets, au moins 4, qui sont alternativement des sommets A ou B. Si l'on rétablit les chemins supprimés, ils formeront les diagonales AB de ces polygones, ou bien des chemins joignant un sommet A de l'un à un sommet B de l'autre.

Si $2n$ est l'ordre du réseau, le nombre des chemins est $3n$. Partons d'un sommet A_0 quelconque, supposé de cote zéro, les sommets de cotes paires sont tous des sommets A, les autres des sommets B. Suivant la parité de d, dimension du réseau pour A_0, les sommets dont la cote est la plus élevée seront des sommets A ou B.

Théorème. — *Dans un réseau bi-cubique le nombre N_k des chemins qui vont de la cote $k-1$ à la cote k est multiple de 3.* On le démontre par récurrence, en remarquant que, si m_k est le nombre des sommets de cote k, on a l'identité :

$$N_{k-1} + N_k = 3m_k.$$

On voit d'ailleurs que les m_k sommets de cote k sont de trois espèces différentes, suivant qu'il arrive en un tel sommet 3, 2 ou 1 chemins provenant de la cote $k-1$. Si $\alpha_k, \beta_k, \gamma_k$ sont les nombres de sommets de chaque espèce, on a :

$$3\alpha_k + 2\beta_k + \gamma_k = N_k, \qquad \alpha_k + \beta_k + \gamma_k = m_k, \qquad \beta_k + 2\gamma_k = N_{k+1}.$$

On en déduirait que N_k est compris entre m_k et $3m_k$ et que N_k est de même parité que $\alpha_k + \gamma_k$.

Théorème. — *Un réseau bi-cubique n'a pas d'isthme.* Soit en effet A_0B_0 un isthme, A_0 étant de cote 0 et B_0 de cote 1. Étendant un peu le sens du mot « cote », nous donnerons aux sommets B reliés à A_0 la cote -1 puis aux sommets A reliés à un de ces derniers, la cote -2, et ainsi de suite. L'identité précédente :

$$N_{k+1} + N_k = 3m_k$$

s'étend immédiatement ici aux valeurs négatives de k. Le nombre N_1 qui est égal à 1, n'étant pas divisible par 3, aucun des nombres N_k ne l'est, ce qui conduit à une absurdité pour le sommet ou les sommets dont la cote est la plus élevée. Ce raisonnement, valable pour un isthme, ne peut s'étendre aux réseaux de puissance 2, comme suffit à le montrer le réseau particulier déjà étudié (*fig. 9*, p. 39). On peut le voir comme suit : soient MN et M'N' deux chemins dont la suppression transformerait un réseau simple de puissance 2 en réseau double, M et N étant réunis entre eux par la partie du réseau qui ne contient pas M' et N'. Il peut se faire que l'un d'eux soit un sommet A et l'autre un sommet B et dans ce cas, la démonstration qui précède ne s'applique plus. On établirait de façon analogue le théorème suivant :

Théorème. — *Si dans un réseau bi-cubique, on a séparé les sommets et les chemins en deux groupes n'ayant en commun aucun chemin, mais seulement r sommets d'une même catégorie A, le nombre total des chemins allant de ces r sommets à l'un ou à l'autre des groupes de sommets est divisible par* 3.

Plus généralement, on établira les énoncés analogues qui suivent :

Théorème. — *Dans un réseau bi-régulier de degré p le nombre N_k des chemins qui vont de la cote $k-1$ à la cote k est un multiple de p*, et aussi :

Théorème. — *Un réseau bi-régulier n'a pas d'isthme*, ou enfin :

Théorème. — *Si dans un réseau bi-régulier de degré p, on a séparé les sommets et les chemins en deux groupes n'ayant en commun aucun chemin, mais seulement r sommets d'une même catégorie A, le nombre des chemins allant de ces r sommets à l'un ou à l'autre des deux groupes de sommets est divisible par p.*

Réseau bi-cubique d'ordre $2n$. — La recherche des réseaux cubiques distincts d'ordre $2n$ est assez pénible. Nous allons indiquer comment on peut abréger cette recherche en nous bornant, pour simplifier l'exposition, à un exemple particulier : $n = 8$, cas où il y a d'ailleurs trente-sept réseaux distincts. Il y a ici vingt-quatre chemins. Nous désignerons par $3n_k = N_k$ le nombre des chemins allant de la cote $k-1$ à la cote k. On a les propriétés suivantes :

1) $n_{k+1} = m_k - n_k$;

2) $n_k < m_k < 3n_k$;

3) $n_k \neq 0$;

4) $m_k \neq 1$, sauf aux extrémités du réseau;

5) $\Sigma n_k = 8$;

6) La somme des valeurs de m_k (k pair ou impair) est égale à 8;

7) Si la cote la plus élevée d contient un seul sommet, il y a au moins trois sommets de cote $d-1$.

On obtient, en tenant compte de ces remarques, un petit nombre de types possibles qui sont désignés dans le tableau ci-dessous par les lettres de A à G. Dans chaque groupe, la première colonne donne les valeurs de m_k et la deuxième celles de n_k.

k	A		B		C		D		E		F		G	
0	1		1		1		1		1		1		1	
1	3	1	3	1	3	1	3	1	3	1	3	1	3	1
2	3	2	3	2	4	2	4	2	4	2	5	2	6	2
3	2	1	3	1	3	2	4	2	5	2	5	3	5	4
4	3	1	4	2	3	1	3	2	3	3	2	2	1	1
5	3	2	2	2	2	2	1	1						
6	1	1												

Les valeurs associées de m_k et n_k sont toujours, à l'exception de $1-1$, $2-2$, $3-3$ qui ne servent qu'à l'extrémité d'un réseau, les suivantes : $2-1$, $3-1$, $3-2$, $4-2$, $5-2$, $5-3$, $5-4$, $6-2$. Les valeurs correspondantes de α, β, γ sont alors :

$m-n$	$2-1$	$3-1$	$3-2$		$4-2$		$5-2$	$5-3$			$5-4$		$6-2$
α	0	0	1	0	1	0	0	2	1	0	3	2	0
β	1	0	1	3	0	2	1	0	2	4	1	3	0
γ	1	3	1	0	3	2	4	3	2	1	1	0	6

On trouve en définitive vingt types distincts dont voici la liste. On peut supprimer ceux qui se terminent par 111 suivi de 100 car ils sont impossibles. Dans chaque type, la première ligne, pour $k = 1$ étant 003, il était inutile de l'écrire :

k	A		B				C			
2	111	030	111	111	030	030	103	103	022	022
3	011	011	003	003	003	003	111	030	111	030
4	003	003	103	023	103	022	002	003	003	003
5	030	030	200	200	200	200	200	200	200	200
6	100	100								

k	D				E		F			G
2	103	103	022	022	103	022	014	014	014	006
3	022	022	022	022	014	014	203	122	041	230
4	030	111	030	111	300	300	200	200	200	100
5	100	100	100	100						

Si certains de ces types ne donnent qu'un réseau, d'autres en donnent un grand nombre, mais bien des remarques permettent d'abréger les recherches. C'est ainsi que tout réseau « A » contient au moins deux points à la distance 6. On supprimera donc tout réseau B, C, D, E, F, G qui aurait une telle propriété. De même B, C, D contiennent des points à distance 5 et par suite dans E, F, G, il suffira de se borner aux réseaux dont tous les points sont de dimension 4, ce qui réduit à 9, le nombre de ces derniers réseaux.

Un nouveau problème se pose ensuite : Les réseaux ainsi obtenus ne sont pas forcément distincts. Pour les identifier, on cherche dans chaque réseau des groupements caractéristiques d'un petit nombre de sommets et de chemins, en se bornant aux plus simples (*fig. 10*). Les flèches indiquent les chemins qui les rattachent au reste du réseau. On compte combien un ou plusieurs de ces groupements se trouvent dans chaque réseau, ce qui est rapide. On a ainsi des groupements de réseau par catégories. En général tous les réseaux d'une même catégorie sont homéomorphes et par suite n'en forment qu'un. On arrive ainsi à trente-sept réseaux distincts. Il ne faut pas se dissimuler que, malgré l'emploi de ces remarques et de quelques autres que suggère l'habitude, de telles recherches sont toujours pénibles et qu'il est aisé d'y commettre des erreurs.

Familles diverses de réseaux bi-cubiques. — Les réseaux bi-cubiques d'ordre $2n$ sont en général cerclés, tout au moins pour les premières valeurs de n. On les représente alors par un cercle dont les sommets sont alternativement des points A et B;

les cordes du cercle constituent une des trois classes en lesquelles on peut répartir les chemins ; les deux autres classes sont formées chacune avec les arcs-unités pris de deux en deux.

Si n est impair et que toutes les cordes AB soient des diamètres, on a un *réseau bi-cubique diamétral*, ou plus simplement un *réseau bi-diamétral*. Un tel réseau est polygonal. Il n'est jamais sphérique. Sa puissance est 4.

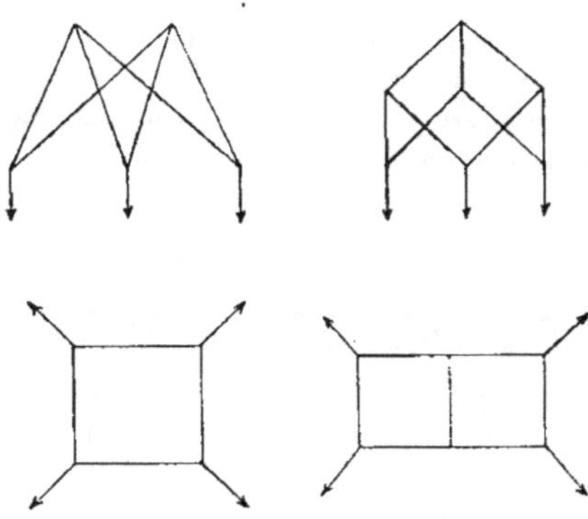

FIG. 10.

THÉORÈME. — *Un réseau bi-diamétral d'ordre* $4r+2$ *est de dimension* $r+1$. Numérotons en effet les sommets consécutifs $0, 1, 2, \ldots, 2r, 2r+1, -2r, \ldots, -2, -1$. Si le sommet de cote zéro est de numéro zéro, les sommets de cote 1 seront ± 1 et $2r+1$, de cote 2 les sommets ± 2 et $\pm 2r$, et ainsi de suite, d'où l'énoncé.

Si un réseau bi-cubique cerclé est sphérique, on peut répartir les cordes AB en deux catégories, telles que dans chacune d'elles les cordes ne se recoupent pas. Pour nous rendre compte de la disposition que peuvent former les r cordes d'une même catégorie ($r \geqslant 2$), supprimons toutes les cordes de la seconde catégorie ainsi que leurs extrémités et numérotons dans l'ordre où on les rencontre les sommets restants. Certaines cordes joignent deux sommets consécutifs k, $k+1$. Associons à une telle corde, si elles existent, les cordes $k-1$ et $k+2$; $k-2$ et $k+3$, etc... qui sont consécutives et en quelque sorte parallèles et supposons que ces diverses cordes forment un seul trait. On peut en faire de même pour les cordes qui joignent les sommets p, q : $p+1, q+1$: $p+2, q+2$, etc... En procédant ainsi pour toutes les cordes, on arrivera en définitive à une figure analogue à celle que donne un polygone convexe découpé par des diagonales ne se recoupant pas en polygones et cela de façon arbitraire.

Il peut arriver que toutes les cordes de chacune des deux catégories soient parallèles entre elles, au sens que nous venons de donner au mot parallèle. On obtiendra ainsi des réseaux que l'on peut appeler des *réseaux semi-carrelés biparties*. Ils sont d'ailleurs beaucoup plus généraux, comme on s'en assurera, que les *réseaux carrelés biparties* que nous allons définir.

Étant donné un cercle divisé en $2n$ parties égales, n étant pair : $n = 2n'$, joignons les points de division par v cordes consécutives que l'on peut supposer verticales, v étant pair : $v = 2v'$ et w cordes consécutives horizontales, w étant pair : $w = 2w'$ (*fig. 11*). Nous supposerons $v \leqslant w$. On a $v + w = n$ ou $v' + w' = n'$. On peut numéroter les sommets comme l'indique la figure. Si $n = 4r + 2$ ou $4r$, il y a r réseaux carrelés biparties. Si $n = 4r$, il y a un réseau admettant autant de cordes verticales que de cordes horizontales. La puissance d'un réseau carrelé bipartie est 4.

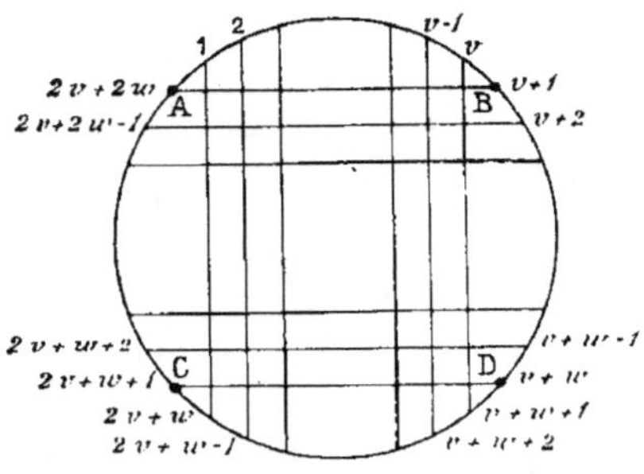

Fig. 11.

Théorème. — *Un réseau carrelé bipartie d'ordre $4n'$, avec $2v'$ cordes verticales et $2w'$ cordes horizontales admet comme dimensions, suivant le choix du sommet de cote zéro, tous les entiers de $v' + 1$ à $n' + 1$.* Supposons que le sommet de cote zéro soit le sommet de numéro s, avec $s \leqslant v'$, et prenons le circuit $1, 2, 3, \ldots, 2v', 2v' + 1, 4v' + 4w'$, circuit qui contient la corde AB (*fig. 11*). La cote de A est s, celle de B, $s + 1$ et les cotes des autres sommets de ce circuit vont de 0 à $v' + 1$. Si l'on remplace un de ces sommets par son symétrique par rapport au diamètre horizontal du cercle, sa cote augmente de 1. On en déduira facilement les cotes des sommets restants, cotes qui vont de s à $s + w' + 1$. La dimension du réseau est donc ici le plus grand des deux nombres $v' + 1$ ou $s + w' + 1$; en partant d'un point de cote $(v + 1) + s$ avec ici $s \leqslant w'$, on trouverait de même que la dimension est le plus grand des deux nombres $w' + 1$ et $s + v' + 1$. On en déduira le théorème énoncé. On voit que le réseau n'a jamais une longueur égale à sa largeur. Si $v' = w'$ la longueur est $2v' + 1$ et la largeur $v' + 1$.

Liste des réseaux biparties les plus simples. — Le tableau qui suit contient la liste des réseaux biparties d'ordre au plus égal à 10.

La colonne « sommets » contient le nombre des sommets dans chaque catégorie. Par exemple 37 veut dire 3 sommets A et 7 sommets B.

La colonne « classe » a été omise, la classe étant donnée par le degré du sommet de plus haut degré.

La colonne « dimensions » contient toutes les dimensions qui peuvent exister suivant le choix du sommet : 234 veut dire qu'il y a les dimensions 2, 3 ou 4.

La colonne « observations » peut contenir les indications suivantes :

- B, bicomplet;
- P, polygonal;
- P′, semi-polygonal;
- R, bi-régulier;
- R′, semi-régulier;
- D, bi-diamétral;
- C, carrelé;
- C′, semi-carrelé;
- S, sphérique.

Tous les réseaux pour lesquels il y a autant de sommets A que de sommets B sont ici cerclés : aussi cette indication est-elle omise. La colonne « réseau » contient des indications suffisantes pour tracer le réseau. Par exemple, l'indication : 0123 — 0124 — 0131 — 234 signifie que A_0 est joint à B_0 B_1 B_2 B_3, A_1 à B_0 B_1 B_2 B_4, etc... La lettre ω dans une telle liste indique que le sommet A correspondant est joint à tous les sommets B. Enfin, si le réseau est cerclé, une indication telle que 12 — 23 — 03 — 1 signifie que dans le cercle $A_0 B_0 A_1 B_1 A_2 B_2 A_3 B_3$ qui représente un circuit complet, on tracera les cordes joignant A_0 à B_1, B_2, puis A_1 à B_2, B_3; A_2 à B_0, B_3 et A_3 à B_1.

Lorsque plusieurs réseaux sont réunis par une accolade, c'est que les sommets A d'une part, les sommets B d'autre part, donnent des listes identiques pour les degrés des divers sommets. D'ailleurs, si l'on dresse à l'avance toutes celles de ces listes qui sont possibles, il correspond au moins un réseau à chacune d'elles, sauf pour la suivante :

degrés des sommets A : 5, 5, 5, 5, 3;
degrés des sommets B : 5, 5, 5, 5, 3.

Sommets.	RÉSEAUX	Degré.	Dimensions.	Observations.
33	1 — 2 — 0	4	2	BD PR
34	ω — ω — ω	5	2	BR′
35	ω — ω — ω	6	2	BR′
44	2 — 3 — 0 — 1	4	3	RP′ CS
	12 — 3 — 0 — 1	4	23	
	12 — 3 — 0 — 01	4	23	
	12 — 23 — 03 — 01	4	23	
36	ω — ω — ω	7	2	BR′
45	ω — 0123 — 014 — 234	4	23	
	0123 — 0124 — 0134 — 234	4	3	
	ω — ω — 012 — 034	4	23	
	ω — 0123 — 0124 — 034	4	23	
	0234 — 0134 — 0124 — 0123	5	23	
	ω — ω — 0123 — 014	4	23	
	ω — 0123 — 0124 — 0134	5	23	
	ω — ω — ω — 012	4	23	
	ω — ω — 0123 — 0124	5	23	
	ω — ω — ω — 0123	5	23	
	ω — ω — ω — ω	6	2	B
37	ω — ω — ω	6	2	BR′
46	ω — ω — 012 — 345	4	234	
	ω — 01234 — 2345 — 015	4	23	
	ω — 0123 — 0145 — 2345	5	23	
	01234 — 12345 — 01235 — 045	4	3	
	01234 — 12345 — 0125 — 0345	5	3	
	ω — ω — 0123 — 045	4	23	
	ω — 01234 — 02345 — 015	4	23	
	ω — 01234 — 0125 — 0345	5	23	
	01234 — 01235 — 01245 — 0345	5	23	
	ω — ω — 01234 — 015	4	23	
	ω — ω — 0123 — 0145	5	23	
	ω — 01234 — 01345 — 0125	5	23	
	01345 — 01245 — 01235 — 01234	6	23	
	ω — ω — ω — 012	4	23	
	ω — ω — 01234 — 0125	5	23	
	ω — 01234 — 01235 — 01245	6	23	
	ω — ω — ω — 0123	5	23	
	ω — ω — 01234 — 01235	6	23	
	ω — ω — ω — 01234	7	23	
	ω — ω — ω — ω	8	2	R′
55	2 — 3 — 4 — 0 — 1	4	3	RPD R
	2 — 4 — 3 — 0 — 1	3	3	
	2 — 3 — 4 — 0 — 1	4	3	
	23 — 2 — 0 — 4 — 1	4	3	
	13 — 4 — 3 — 0 — 2	4	3	
55	12 — 24 — 3 — 1 — 0	4	3	
	23 — 34 — 0 — 4 — 1	4	3	
	13 — 24 — 0 — 4 — 2	4	3	
	23 — 3 — 04 — 4 — 1	4	3	
	23 — 4 — 0 — 4 — 12	4	3	
	12 — 34 — 0 — 4 — 1	4	3	
	12 — 34 — 4 — 0 — 0	4	3	
	12 — 3 — 34 — 0 — 0	4	3	
	23 — 4 — 0 — 14 — 1	4	3	
	13 — 34 — 04 — 1 — 2	4	3	
	12 — 24 — 03 — 0 — 1	4	3	
	13 — 24 — 03 — 4 — 2	4	3	
	12 — 34 — 03 — 0 — 2	4	3	
	13 — 24 — 0 — 04 — 1	4	3	
	13 — 24 — 03 — 14 — 2	4	3	
	13 — 24 — 03 — 14 — 02	6	3	RP
	123 — 2 — 0 — 4 — 2	4	23	
	123 — 4 — 0 — 0 — 0	4	23	
	12 — 2 — 03 — 4 — 2	4	23	
	13 — 24 — 0 — 0 — 0	4	23	
	12 — 3 — 04 — 1 — 1	4	23	
	123 — 2 — 0 — 04 — 0	4	23	
	123 — 3 — 04 — 0 — 0	4	23	
	123 — 34 — 0 — 0 — 0	4	23	
	13 — 24 — 04 — 0 — 0	4	23	
	12 — 34 — 0 — 14 — 1	4	23	
	13 — 24 — 03 — 1 — 1	4	23	
	123 — 24 — 04 — 0 — 0	4	23	
	123 — 24 — 0 — 04 — 0	4	23	
	123 — 34 — 04 — 4 — 0	4	23	
	123 — 34 — 3 — 1 — 02	4	23	
	12 — 23 — 0 — 04 — 01	4	23	
	12 — 23 — 04 — 01 — 2	4	23	
	23 — 24 — 03 — 01 — 2	4	23	
	123 — 34 — 0 — 04 — 01	4	23	
	123 — 24 — 34 — 04 — 0	4	23	
	23 — 24 — 04 — 14 — 01	5	23	
	123 — 23 — 04 — 04 — 01	6	23	
	123 — 234 — 3 — 0 — 2	4	23	
	123 — 23 — 03 — 4 — 2	4	23	
	123 — 34 — 0 — 0 — 02	4	23	
	13 — 24 — 04 — 04 — 0	4	23	
	123 — 234 — 3 — 1 — 02	4	23	
	123 — 234 — 03 — 1 — 1	4	23	
	123 — 34 — 04 — 04 — 0	4	23	
	123 — 34 — 03 — 0 — 01	4	23	
	12 — 23 — 03 — 14 — 12	5	23	
	123 — 234 — 03 — 01 — 0	4	23	
	123 — 23 — 04 — 01 — 01	5	23	
	123 — 234 — 04 — 01 — 01	6	23	
	123 — 234 — 034 — 4 — 2	4	23	
	123 — 34 — 034 — 04 — 0	4	23	
	123 — 24 — 04 — 04 — 02	5	23	
	123 — 234 — 034 — 04 — 0	4	23	
	123 — 234 — 04 — 14 — 12	5	23	
	123 — 234 — 034 — 01 — 01	6	23	
	123 — 234 — 034 — 14 — 12	6	23	
	123 — 234 — 03 — 014 — 012	7	23	
	ω — ω — ω — ω — ω	8	2	RP

Liste des réseaux bi-cubiques les plus simples. — Le tableau ci-dessus ne contient que quatre réseaux bi-cubiques. Voici la liste de ces réseaux d'ordre inférieur ou égal à 16. Ils sont tous de classe 3 et cerclés. Les abréviations sont les mêmes que pour le tableau précédent.

Sommets.	RÉSEAUX	Degré.	Dimensions.	Observations.
33	1—2—0	4	2	BPD
44	2—3—0—1	4	3	P'CS
55	2—3—4—0—1	4	3	PD
	2—4—3—1—0	3	3	P'CS
66	1—2—3—4—5—0	4	4	P'
	1—4—3—0—5—2	4	3	
	1—2—0—4—5—3	2	4	
	1—3—4—5—2—0	4	34	
	1—4—0—5—2—3	3	34	
77	3—4—5—6—0—1—2	4	4	PD
	2—3—4—5—6—0—1	4	3	P'
	1—2—5—0—6—3—4	3	45	C'S
	1—2—0—5—6—3—4	2	45	
	3—5—0—4—1—6—2	4	34	
	5—4—3—0—6—2—1	4	34	
	3—4—6—5—0—1—2	4	4	
	3—4—6—5—1—0—2	4	34	
	5—3—0—4—6—2—1	4	4	
	5—2—4—1—0—6—3	3	34	
	5—2—0—4—1—6—3	3	4	
	2—6—4—5—1—3—0	3	34	
88	1—2—3—4—5—6—7—0	4	5	P'CS
	3—6—4—0—2—7—1—5	4	45	C'S
	1—2—3—0—5—6—7—4	2	456	S
	2—3—4—5—6—7—0—1	4	4	P'
	5—2—7—4—1—6—3—0	4	4	P'
88	3—2—0—1—7—6—4—5	2	456	
	1—6—0—4—2—3—7—5	2	5	
	1—3—0—7—5—6—4—2	2	45	
	1—6—5—4—2—3—7—0	2	456	
	6—7—0—4—2—3—1—5	2	56	
	5—6—7—4—2—3—1—0	2	45	
	3—2—0—4—7—6—1—5	3	45	
	2—5—3—1—7—6—4—0	3	45	
	2—4—3—1—7—6—0—5	3	45	
	1—2—4—0—6—3—7—5	3	45	
	1—2—4—0—7—6—3—5	3	45	
	2—4—3—6—1—0—7—5	3	45	
	4—2—3—6—0—1—7—5	3	45	
	2—3—6—4—1—0—7—5	3	45	
	1—4—3—0—6—2—7—5	3	4	
	1—2—6—0—5—7—3—4	3	45	
	4—6—5—7—2—3—1—0	4	45	
	1—4—5—6—2—3—7—0	4	45	
	5—8—7—1—6—2—4—0	4	45	
	2—3—5—1—6—7—4—0	4	45	
	5—2—7—0—1—6—3—4	4	45	
	1—3—5—4—6—2—7—0	4	45	
	3—2—5—4—7—6—0—1	4	45	
	4—3—0—5—2—6—7—1	4	45	
	6—4—0—5—2—6—7—1	4	45	
	6—5—4—0—2—7—3—1	4	45	
	3—4—0—6—7—2—1—6	4	4	
	3—5—7—1—6—0—2—4	4	4	
	3—2—4—5—7—6—0—1	4	4	
	2—5—4—6—0—3—7—1	4	4	
	2—6—5—0—1—7—3—4	4	4	
	2—3—4—5—6—7—1—0	4	4	

CHAPITRE II

Réseaux biparties et tissus.

Notations diverses d'un réseau bipartie. — On peut numéroter 1, 2, 3, ... les sommets A d'une catégorie et de même les sommets B de l'autre. Un réseau, par exemple celui du début du chapitre précédent, se représente alors par une liste telle que la suivante :

1	2
1	3
2	4
1	4
2	3
3	4

La première ligne indique que B_1 est joint à A_1 et A_2 ; la deuxième que B_2 est joint à A_1 et A_3, etc... L'ordre des lignes n'a évidemment aucune importance, pas plus que celui des numéros dans une même ligne : on peut par exemple écrire chaque ligne avec des numéros croissants et classer ensuite les lignes par ordre de grandeur. Réciproquement, tout tableau analogue représente un réseau bipartie, à condition qu'il n'y ait dans chaque ligne que des numéros différents. Le nombre m des sommets A est celui des numéros distincts, le nombre n des sommets B est celui des lignes, le nombre des chemins est celui des numéros écrits. Le tableau ci-dessus peut s'écrire autrement : 1 se trouve dans les lignes 1, 2 et 4 ; 2 dans les lignes 1, 3 et 5, et ainsi de suite, d'où le nouveau tableau :

1	2	4
1	3	5
2	5	6
3	4	6

Il est identique à celui qu'on aurait obtenu ci-dessus en faisant jouer aux sommets A le rôle des sommets B, et inversement.

Si un réseau est semi-régulier, comme c'est ici le cas, le tableau est rectangulaire ; il serait carré pour un réseau bi-régulier, et enfin, dans le cas d'un réseau bi-complet, toutes les lignes seraient identiques.

Il est facile de former le réseau (R′) bi-associé à un réseau (R) donné en écrivant en face de chaque ligne de (R) tous les numéros qui n'y entrent pas :

(R)		(R′)
1 2		3 4
1 3		2 4
2 4		1 3
1 4		2 3
2 3		1 4
3 4		1 2

On voit ici que (R′) est homéomorphe à (R), qui est ainsi un réseau semi-complet. Par contre, dans le cas suivant :

(R)		(R′)
1 2		3
2 3		1
3 1		2

le réseau (R′) est formé de trois segments de droite. Avec ce mode de notation des réseaux biparties, on reconnaît un réseau complet à ce que l'on ne peut pas former des groupes distincts tels que tous les numéros existant dans l'un ne se retrouvent jamais dans un autre.

Représentation d'un réseau bipartie semi-régulier par un tissu. — Prenons un tableau rectangulaire dont les lignes successives 1, 2, 3, ..., m correspondent aux sommets $A_1, A_2, A_3, \ldots, A_m$ et les colonnes 1, 2, 3, ..., n aux sommets $B_1, B_2, B_3, \ldots, B_n$, et marquons par un signe quelconque, par exemple la lettre X, toute case r, s correspondant à deux sommets A_r, B_s joints par un chemin, les autres cases restant vides. Le réseau déjà considéré au début du chapitre devient ici :

X	X		X		
X		X		X	
	X			X	X
		X	X		X

A toute répartition de lettres X dans un tel tableau correspond un réseau bipartie, les divers réseaux ainsi obtenus n'étant pas nécessairement distincts. Le réseau formé par les cases vides est le réseau bi-associé au premier.

Nous appellerons *tissu* tout tableau rectangulaire de m lignes et n colonnes, tel que le nombre p des lettres X situées dans chaque ligne soit constant, ainsi, d'autre part, que le nombre q des lettres X situées dans chaque colonne. A tout tissu correspond un réseau bipartie semi-régulier, et réciproquement. Les lettres m, n, p, q ont gardé la signification indiquée au début du chapitre précédent, et l'on a toujours : $pm = qn$.

Deux tissus sont considérés comme identiques lorsqu'on peut passer de l'un à l'autre par des échanges de lignes ou de colonnes. Les réseaux correspondants sont visiblement homéomorphes. La représentation d'un réseau par un tissu redonne immédiatement les tableaux numériques déjà utilisés. Le tissu qui précède lu par colonne, en remarquant que dans la première colonne les lettres X occupent les cases 1 et 2, dans la seconde les cases 1 et 3, etc...., redonne, comme plus haut :

1 2
1 3
2 4
1 4
2 3
3 4

Classe d'un réseau bi-régulier. — Théorème. — *La classe d'un réseau bi-régulier est égale à son degré.* Ce théorème fondamental peut encore s'énoncer comme suit : *Un réseau bi-régulier est d'excès nul* (¹). Il est facile de traduire cet énoncé en se ramenant à la notion de tissu et remarquant qu'un réseau bi-régulier d'ordre $2n$ revient à un tissu carré de n^2 cases. Prenons, en supposant que ce soit possible, n lettres X à raison d'une et d'une seule dans chaque ligne, et d'une et d'une seule dans chaque colonne, et appelons *permutation* l'ensemble de ces n lettres X. Le théorème précédent s'énonce alors :

Théorème. — *Dans tout tissu carré on peut trouver une permutation.* En effet, la suppression des lettres X qui constituent cette permutation remplace le tissu carré par un nouveau tissu carré dans lequel on trouvera une nouvelle permutation. Si le réseau et le tissu sont de degré p, on aura une décomposition en p permutations.

On peut encore, et ceci nous sera utile pour la démonstration, donner un nouvel aspect de ce théorème en reprenant la notation numérique déjà indiquée et associant par exemple au tissu de gauche le tableau numérique de droite :

(¹) La démonstration ci-dessus remonte à octobre 1914, mais est restée inédite. Entre temps, M. Dénes König a publié, avec un énoncé analogue, une démonstration complètement différente et d'ailleurs un peu plus simple que celle du texte. (« Uber Graphen und ihre Anwendung auf Determinantentheorie und Mengenlehre », *Mathematische Annalen*, LXXVII Band, Heft 4, S. 453-465, 15 nov. 1915.)

X	X	X	X			
X	X			X	X	
		X	X	X		X
		X	X	X	X	
X		X	X			X
	X			X	X	X
X	X				X	X

$\underline{1}$	1	1	1	2	2	3
2	$\underline{2}$	3	3	$\underline{3}$	4	5
5	6	4	$\underline{4}$	4	6	6
7	7	$\underline{5}$	5	6	7	$\underline{7}$

Trouver une permutation dans le tissu considéré, c'est trouver dans le tableau numérique une liste de sept numéros différents. Ici : 1, 2, 5, 4, 3, 6, 7 à raison de un par colonne. Puisque dans chaque colonne on peut échanger l'ordre des numéros qui y sont, on pourra amener à la première place les termes de la permutation, puis, en recommençant, on obtiendra la nouvelle forme suivante du tableau numérique :

1	2	5	4	3	6	7
2	7	1	5	6	4	3
5	1	4	3	2	7	6
7	6	3	1	4	2	5

pour laquelle la décomposition du tissu en quatre permutations est évidente : 1254367, 2715643, 5143276 et 7631425.

Pour établir ce théorème dans toute sa généralité nous supposerons qu'il y ait n colonnes de p numéros chacune, pris dans la liste 1, 2, 3, ..., n et tous différents dans une même colonne. Chaque numéro est répété dans p colonnes, et leur ordre dans la colonne ou celui des colonnes dans le tableau est indifférent. Nous allons montrer qu'on peut alors supposer que la première ligne soit à l'ordre près formée de 1, 2, 3, ..., n ou même soit forcément 1, 2, 3, ..., n. Deux numéros quelconques pouvant être échangés dans tout le tableau, nous supposerons que les divers numéros que nous utiliserons soient précisément rencontrés dans l'ordre numérique. Enfin nous désignerons en général une colonne par l'élément qui y est en première ligne, (α) désignant ainsi une colonne dont le premier élément est α.

Tout ceci étant posé, prenons le numéro 1 dans une colonne quelconque, mettons-l'y en tête, puis plaçons cette colonne (1) à la première place. Avec un autre numéro 2 non employé dans (1), nous procédons de même, et ainsi de suite : on a alors les colonnes (1), (2), ..., (k). Si $k=n$, le théorème est démontré; sinon, il reste $n-k$ colonnes qui ne peuvent contenir que tout ou partie des nombres 1, 2, 3, ..., k, les nombres $k+1$, $k+2$, ..., n étant tous dans les k premières colonnes. Soit 1, 2, ..., n_1 la liste de ces entiers utilisés par les $n-k$ dernières colonnes $(k \geqslant n_1)$. Prenons alors dans les colonnes (1), (2), ..., (n_1) les n_2-n_1 numéros $(k \geqslant n_2 \geqslant n_1)$ qui s'y trouvent appartenant à la liste n_1+1, n_1+2, ..., n_2.

Les colonnes correspondantes (n_1+1), (n_1+2), ..., (n_2) contiennent à leur tour n_2-n_1 numéros ($k \geqslant n_2 \geqslant n_1$) de la liste n_1+1, n_1+2, ..., k, et ainsi de suite. On obtient ainsi les s colonnes suivantes :

$$(1)(2)\ldots(n_1)(n_1+1)(n_1+2)\ldots(n_2)(n_2+1)\ldots(n_3)\ldots(n_r+1)(n_r+2)\ldots(s)$$

auxquelles il faut ajouter $k-s$ colonnes : $(s+1)(s+2)\ldots(k)$, et enfin les $n-k$ dernières colonnes non encore utilisées. Il y a ici deux cas à examiner :

Si aucun des numéros $k+1$, $k+2$, ..., n ne se trouve dans les colonnes de (1) à (s), elles ne contiennent que des numéros de la liste 1, 2, ..., s. Or il y a ps numéros; donc, chacun y est reproduit son nombre maximum de fois p, et ces s colonnes forment un tissu, ainsi que les $n-s$ premières colonnes. On est donc ramené au cas d'un tissu de n^2 cases à un de s^2 ou $(n-s)^2$ cases, et on recommence les raisonnements qui précèdent jusqu'à ce qu'on soit arrêté par l'hypothèse qui reste à envisager.

Si dans l'une des s premières colonnes il y a au moins un des éléments $k+1$, $k+2$, ..., n, supposons que ce soit $k+1$. Pour fixer les idées, et ceci n'introduit aucune restriction dans la généralité des raisonnements, supposons qu'il se trouve dans la colonne (a_3) du groupe (n_2), (n_2+1), (n_2+2), ..., (n_3). Le numéro a_3 provient lui-même d'une des colonnes du groupe (n_1), (n_1+1), ..., (n_2), par exemple (a_2); qui lui-même se trouve dans la colonne (a_1) du groupe (1), (2), ..., (n_1). Enfin a_1 se trouve dans une des dernières colonnes que nous appellerons A.

Considérons les quatre colonnes dont nous venons de parler : (a_1), (a_2), (a_3), A. En dressant le tableau du début nous aurions pu prendre pour colonne (a_1) la colonne A en y mettant a_1 en tête; puis pour colonne (a_2) la colonne (a_1), et enfin pour colonne (a_3) la colonne (a_2). On aurait ainsi incorporé A au tableau des k premières colonnes, en éliminant (a_3), sans modifier le reste du tableau. Mais la colonne (a_3) ainsi rejetée à la fin du tableau contient l'élément $k+1$, qui, mis en tête, nous donne une colonne $(k+1)$, ce qui accroît d'une unité la valeur de k. On continue ainsi de proche en proche jusqu'à $k=n$, ce qui démontre le théorème.

Étude des tissus mi-parties. — Pour l'étude des tissus de m lignes et n colonnes, c'est-à-dire des réseaux biparties semi-réguliers, il est commode de supposer un des deux nombres fixe, par exemple m. Nous examinerons d'abord le cas particulièrement simple des *tissus mi-parties* tels qu'il y ait dans chaque colonne, et par suite dans chaque ligne, autant de cases avec des lettres X que de cases vides : $m=2q$ et $n=2p$. Ici q sera fixe et p variable. $m=2q$ est la *largeur* fixe du tissu ; $n=2p$ est sa *longueur* variable.

Un tissu de largeur m est un *tissu élémentaire*, si l'on ne peut pas, en y prélevant un certain nombre de colonnes, former un nouveau tissu de longueur moindre. Tout tissu de largeur m est formé par juxtaposition de tissus élémentaires de même largeur. Disons enfin qu'un tissu qui est élémentaire par rapport aux lignes ne l'est pas forcément par rapport aux colonnes ; cependant il y a des tissus qui sont élémentaires dans les deux sens.

Le nombre des colonnes distinctes qui peuvent constituer un tissu de largeur m est :

$$2Q = C^q_m = C^q_{2q} = \frac{(2q)!}{(q!)^2} = \frac{1 \cdot 3 \cdot 5 \ldots (2q-1)}{1 \cdot 2 \cdot 3 \cdot 4 \ldots q} \cdot 2^q .$$

Deux à deux ces colonnes sont *associées*, c'est-à-dire que l'une contient des cases marquées d'une lettre X là où l'autre contient des cases vides, et inversement. Les 2Q colonnes possibles sont $A_1, A_2, \ldots, A_Q$ et $A'_1, A'_2, \ldots, A'_Q$. En désignant par A_k et A'_k deux colonnes associées, nous supposerons par exemple que les colonnes A sont celles qui contiennent une lettre X dans la première case, les colonnes A' celles qui n'en contiennent pas.

Deux colonnes associées juxtaposées forment un tissu élémentaire de longueur 2, et il y a Q de ces tissus élémentaires. Un tel tissu correspond à un réseau bipartie double formé d'un premier sommet A joint à q sommets B, et d'un second sommet A joint à q autres sommets B. Ajouter ou retrancher à un tissu deux telles colonnes revient à ajouter ou retrancher ce réseau double à un certain réseau.

Un tissu quelconque contient α_1 colonnes A_1, α_2 colonnes $A_2, \ldots, \alpha'_1$ colonnes A'_1, etc... En posant $\alpha_1 - \alpha'_1 = a_1$, $\alpha_2 - \alpha'_2 = a_2 \ldots$ nous dirons que ce tissu est formé de a_1 colonnes A_1, a_2 colonnes A_2, etc... avec la convention que si a_k est négatif, on prendra $-a_k$ colonnes A'_k. Si a_k est nul, on ne prendra ni colonnes A_k ni colonnes A'_k. Pour qu'il y ait tissu, il faut écrire que, dans chaque ligne, il y a p lettres X et p cases vides. Mieux encore, on remplacera toute lettre X par $+1$ et toute case vide par -1 et l'on écrira que la somme est nulle pour chaque ligne. Par exemple, s'il y a des lettres X dans les seules colonnes $A_1, A_2, \ldots, A_r$ on aura

$$a_1 + a_2 + \ldots + a_r - a_{r+1} \ldots - a_Q = 0$$

résultat indépendant du fait que ce sont des nombres algébriques ou nuls. On obtiendra ainsi pour les m lignes un système de m équations à Q inconnues.

Tissu mi-partie de largeur 8. — Pour simplifier l'exposition nous continuerons l'étude d'un tel système d'équations dans un cas particulier, celui ou $m = 8$. La plupart des résultats qui suivent seraient faciles à généraliser ; il serait encore plus facile d'obtenir des résultats analogues pour $m = 6$ ou 4. Nous reviendrons d'ailleurs sur ce point.

Ce système est d'ailleurs équivalent au premier, car la somme de ces équations redonnerait l'équation non écrite. Parmi les trente-cinq quantités x, a, b, c, d, nous allons en supposer vingt-huit connues et exprimer les sept autres en fonction de ces vingt-huit. Il faudra choisir les quantités connues de façon que le déterminant des coefficients soit différent de zéro. Les lettres x donnent précisément un tel déterminant. Pour calculer, l'une d'elles, par exemple x_1, nous retrancherons l'équation $\Sigma x + \Sigma a + \Sigma b + \Sigma c + \Sigma d = 0$, la somme de deux équations convenablement choisies, ici la quatrième et la cinquième. D'où en définitive les valeurs des x :

$$x_1 = a_1 + a_7 - a_3 - a_4 - a_5 + b_3 - b_1 - b_5 + c_4 - c_1 - c_6 + d_2 - d_1 - d_6.$$
$$x_2 = a_2 + a_5 - a_1 - a_6 - a_3 + b_1 - b_2 - b_3 + c_6 - c_2 - c_7 + d_4 - d_2 - d_7,$$
$$x_3 = a_3 + a_6 - a_5 - a_2 - a_7 + b_5 - b_3 - b_7 + c_2 - c_3 - c_4 + d_1 - d_3 - d_4,$$
$$x_4 = a_4 + a_3 - a_2 - a_7 - a_1 + b_2 - b_4 - b_1 + c_7 - c_4 - c_5 + d_6 - d_4 - d_5,$$
$$x_5 = a_5 + a_4 - a_7 - a_1 - a_6 + b_7 - b_5 - b_6 + c_1 - c_5 - c_2 + d_3 - d_5 - d_2,$$
$$x_6 = a_6 + a_1 - a_4 - a_5 - a_2 + b_4 - b_6 - b_2 + c_5 - c_6 - c_3 + d_7 - d_6 - d_3.$$
$$x_7 = a_7 + a_2 - a_6 - a_3 - a_1 + b_6 - b_7 - b_4 + c_3 - c_7 - c_1 + d_5 - d_7 - d_1.$$

Diverses remarques que nous croyons inutiles de donner pourraient être faites sur la disposition symétrique de ces termes.

Nous pouvons donc considérer un tissu de largeur 8 comme formé de a_1 colonnes A_1, a_2 colonnes A_2, ..., d_7 colonnes D_7 avec en plus pour remplacer, par exemple, les x_1 colonnes X_1 : a_1 colonnes X_1, a_7 colonnes X_1, $-a_3$ colonnes X_1 (ou a_3 colonnes X'_1), ..., $-d_6$ colonnes X_1 (ou d_6 colonnes X'_1). Réunissons ensemble toutes les colonnes prises a_1 fois, ce sont : A_1. X_1, X'_2, X'_3, X'_5, X_6. Elles forment un tissu élémentaire que nous désignerons par (A_1). En procédant de même avec a_2,... on trouve vingt-huit tissus analogues que nous appellerons des *tissus-bases* et dont voici la liste :

(A_1)	$A_1\ X_1\ X'_2\ X'_5\ X'_4\ X_6$	(B_1)	$B_1\ X'_1\ X'_4\ X_2$	(C_1)	$C_1\ X'_1\ X'_7\ X_5$	(D_1)	$D_1\ X'_1\ X'_7\ X_3$
(A_2).	$A_2\ X_2\ X'_4\ X'_3\ X'_6\ X_7$	(B_2)	$B_2\ X'_2\ X'_6\ X_4$	(C_2)	$C_2\ X'_2\ X'_5\ X_3$	(D_2)	$D_2\ X'_2\ X'_5\ X_1$
(A_3)	$A_3\ X_3\ X'_1\ X'_7\ X'_2\ X_4$	(B_3)	$B_3\ X'_3\ X'_2\ X_1$	(C_3)	$C_3\ X'_3\ X'_6\ X_7$	(D_3)	$D_3\ X'_3\ X'_6\ X_5$
(A_4)	$A_4\ X_4\ X'_6\ X'_1\ X'_7\ X_5$	(B_4)	$B_4\ X'_4\ X'_7\ X_6$	(C_4)	$C_4\ X'_4\ X'_3\ X_1$	(D_4)	$D_4\ X'_4\ X'_3\ X_2$
(A_5)	$A_5\ X_5\ X'_3\ X'_6\ X'_1\ X_2$	(B_5)	$B_5\ X'_5\ X'_1\ X_3$	(C_5)	$C_5\ X'_5\ X'_4\ X_6$	(D_5)	$D_5\ X'_5\ X'_4\ X_7$
(A_6)	$A_6\ X_6\ X'_7\ X'_2\ X'_5\ X_3$	(B_6)	$B_6\ X'_6\ X'_5\ X_7$	(C_6)	$C_6\ X'_6\ X'_1\ X_2$	(D_6)	$D_6\ X'_6\ X'_1\ X_4$
(A_7)	$A_7\ X_7\ X'_5\ X'_4\ X'_3\ X_1$	(B_7)	$B_7\ X'_7\ X'_3\ X_5$	(C_7)	$C_7\ X'_7\ X'_2\ X_4$	(D_7)	$D_7\ X'_7\ X'_2\ X_6$

Théorème. — *Tout tissu mi-partie peut être formé par la juxtaposition de couples de colonnes associées à un nombre quelconque de tissus-bases.* Ce théorème généralise

8

la propriété qui vient d'être établie pour un tissu de largeur 8. Chacune des $Q - 2q + 1$ tissus-bases contient une colonne caractéristique qui donne son nom au tissu-base : la colonne A_4 pour le tissu (A_4), etc..., les autres colonnes étant formées de colonnes X et X'. Dans ce théorème, le mot « nombre » doit être pris au sens algébrique du mot. Par exemple, dans un tissu de largeur 8, prendre -2 fois le tissu (B_4), c'est prendre deux fois le tissu (B'_4) qui est formé des colonnes associées : $B'_4 X_1 X_1 X'_2$. De même, des couples quelconques de colonnes associées peuvent être retranchés ou ajoutés. C'est ainsi que si l'on prend les tissus-bases (A'_4), (B_3), (B'_7), (C_6), (D'_8) et qu'on les juxtapose, après avoir supprimé tous les couples de colonnes associées, il reste le tissu suivant qui est élémentaire et symétrique par rapport à la diagonale principale, ce qui montre qu'il est élémentaire aussi bien pour une décomposition en colonnes qu'en lignes :

X	X	X	X				
X	X			X	X		
X					X	X	X
X			X			X	X
	X				X	X	X
	X	X		X		X	
		X	X	X	X		
		X	X	X			X

Inversement, si l'on voulait retrouver les tissus-bases qui ont servi à le former, on dresserait la liste des colonnes qui y entrent X_4 B_3 X_7 C_6 D'_8 X'_3 A'_4 B'_7 ce qui redonne immédiatement la liste de ces tissus-bases, par simple suppression des X et X'. On est conduit ainsi au théorème suivant, que nous donnons sous forme générale :

Théorème. — *Un tissu mi-partie donné ne peut être obtenu que d'une seule façon par juxtaposition de tissus-bases et addition algébrique de colonnes associées.*

La notion de tissu-base permet d'aborder utilement divers problèmes sur les tissus mi-parties de largeur donnée. Par exemple, établissons qu'il existe des tissus élémentaires de largeur 8 et de longueur aussi grande qu'on le veut. Prenons pour cela des nombres a, b, c, d arbitraires, mais positifs et assez grands. Les valeurs de x seront de signe quelconque, mais le nombre des colonnes qui est la somme des valeurs absolues des entiers a, b, c, d, x sera au moins égal à la somme des nombres a, b, c, d donc aussi grand qu'on le veut, sans que la suppression de colonnes deux à deux associées puisse diminuer ce nombre minimum. Ce résultat serait à modifier si l'on ajoutait la restriction qu'une même colonne ne peut être employée plus d'une fois. C'est ainsi qu'avec cette restriction, les seuls tissus possibles de largeur 6 sont de longueur 4, 6 ou 10.

Étude d'un tissu non mi-partie. — Quoiqu'ici on ne puisse pas introduire de colonnes associées, ni de nombres algébriques, on peut suivre une marche très analogue à la précédente. Supposons, pour fixer les idées, que l'on ait un tissu de largeur 7 contenant deux lettres X par colonne. Les colonnes possibles

$$X_1, X_2, \dots, X_7, A_1, A_2, \dots, A_7, B_1, B_2, \dots, B_7$$

sont données par le tableau suivant :

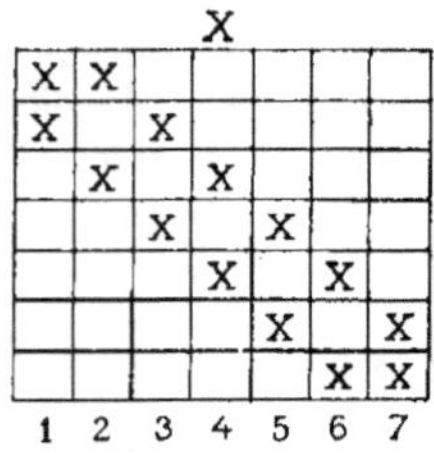

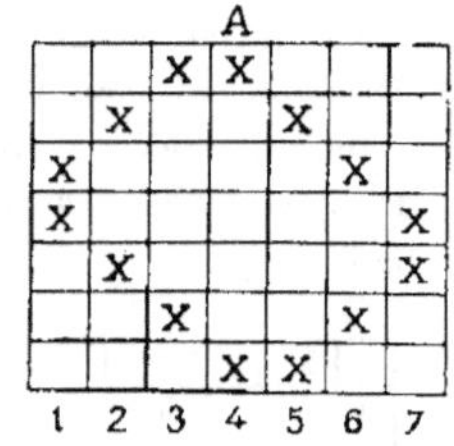

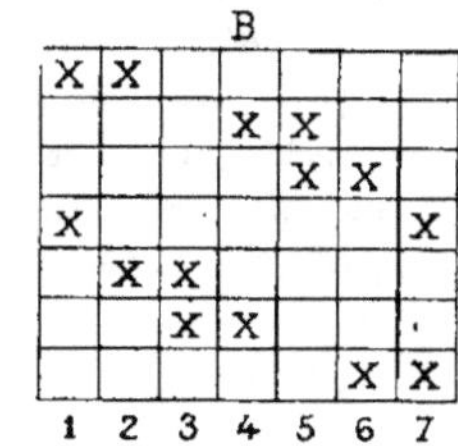

Nous désignerons par $x_1, x_2, \dots, x_7$, $a_1, a_2, \dots, a_7$, $b_1, b_2, \dots, b_7$ les nombres respectifs de chacune des colonnes qui constituent le tissu considéré. Si p est le nombre des lettres X par ligne et n le nombre des colonnes on a $7p = 2n$ et l'on peut poser alors : $p = 2\omega$, $n = 7\omega$. Les équations du problème sont ici les suivantes :

$$x_1 + x_2 + a_3 + a_4 + b_1 + b_2 = 2\omega,$$
$$x_1 + x_3 + a_2 + a_5 + b_4 + b_5 = 2\omega,$$
$$x_2 + x_4 + a_1 + a_6 + b_5 + b_6 = 2\omega,$$
$$x_3 + x_5 + a_1 + a_7 + b_1 + b_7 = 2\omega,$$
$$x_4 + x_6 + a_2 + a_7 + b_2 + b_3 = 2\omega,$$
$$x_5 + x_7 + a_3 + a_6 + b_3 + b_4 = 2\omega,$$
$$x_6 + x_7 + a_4 + a_5 + b_6 + b_7 = 2\omega,$$

avec d'ailleurs la relation $\Sigma x + \Sigma a + \Sigma b = \omega$. Prenons ici comme inconnues les x en supposant connus les a et les b. On trouvera aisément :

$$x_1 = \omega + a_1 - a_2 - a_7 + b_6 + b_7 - b_2 - b_3 - b_4,$$
$$x_2 = \omega + a_2 - a_4 - a_1 + b_3 + b_4 - b_6 - b_7 - b_1,$$
$$x_3 = \omega + a_3 - a_1 - a_5 + b_2 + b_3 - b_7 - b_5 - b_6,$$
$$x_4 = \omega + a_4 - a_6 - a_2 + b_7 + b_1 - b_5 - b_4 - b_3,$$
$$x_5 = \omega + a_5 - a_3 - a_7 + b_5 + b_6 - b_3 - b_1 - b_2,$$
$$x_6 = \omega + a_6 - a_7 - a_4 + b_4 + b_5 - b_1 - b_2 - b_7,$$
$$x_7 = \omega + a_7 - a_5 - a_6 + b_1 + b_2 - b_4 - b_6 - b_5.$$

On prendra arbitrairement les a et les b et on donnera à ω une valeur suffisamment grande pour que les x soient aussi positifs ou nuls. On obtient ainsi tous les tissus possibles.

Désignons ici par $X'_1, X'_2, \ldots, X'_7$, $A'_1, A'_2, \ldots, A'_7$, $B'_1, B'_2, \ldots, B'_7$ les colonnes respectivement associées de $X_1, X_2, \ldots, X_7$, $A_1, A_2, \ldots, A_7$, $B_1, B_2, \ldots, B_7$ chacune de ces nouvelles colonnes contenant cinq lettres X et non plus deux. En remarquant que, dans les formules donnant x, a_1 entre avec le signe $+$ dans x_1 et le signe $-$ dans x_2, x_3 on est conduit à considérer l'ensemble des quatre colonnes $A_1 X'_2 X'_3 X_1$ que nous désignerons par (A_1) et qui sans être un tissu, joue cependant ici le rôle de tissu-base. On obtient ainsi au total quatorze groupes analogues que voici :

(A_1)	$A_1 X_1 X'_2 X'_3$	(B_1)	$B_1 X_1 X_7 X'_5 X'_6 X'_4$
(A_2)	$A_2 X_2 X'_4 X'_1$	(B_2)	$B_2 X_7 X_3 X'_1 X'_5 X'_6$
(A_3)	$A_3 X_3 X'_1 X'_5$	(B_3)	$B_3 X_3 X_2 X'_1 X'_4 X'_5$
(A_4)	$A_4 X_4 X'_6 X'_2$	(B_4)	$B_4 X_2 X_6 X'_7 X'_5 X'_1$
(A_5)	$A_5 X_5 X'_7 X'_7$	(B_5)	$B_5 X_6 X_5 X'_3 X'_7 X'_1$
(A_6)	$A_6 X_6 X'_7 X'_1$	(B_6)	$B_6 X_5 X_4 X'_2 X'_3 X'_7$
(A_7)	$A_7 X_7 X'_5 X'_6$	(B_7)	$B_7 X_1 X_4 X'_6 X'_2 X'_3$

Il sera facile de vérifier que tout tissu peut être formé par la juxtaposition de groupements pris arbitrairement dans la liste $(A_1), \ldots (A_2), \ldots (A_7), (B_1), (B_2), \ldots (B_7)$ à condition que l'on fasse disparaître toute colonne X' par l'addition d'autant de fois qu'il le faudra du groupement (X) en désignant ainsi l'ensemble des sept colonnes X. Si l'on ajoute par exemple (B_3) et (B_7), il faut ajouter une seule fois (X) et l'on trouve le tissu suivant qui est élémentaire : $X_1 X_2 X_3 X_4 X_7 B_3 B_7$. Le nombre des tissus élémentaires que l'on peut former avec sept colonnes est très grand. En particulier on peut prendre arbitrairement les cinq premières colonnes à condition qu'il n'y ait pas plus de deux lettres X par ligne. Il sera toujours possible de compléter le tissu par deux autres colonnes convenablement choisies.

Réseau polygonal bipartie et tissu. — Dans le cas d'un réseau polygonal bipartie, le tissu représentatif est carré et de disposition simple. Par exemple le réseau polygonal d'ordre 14 comprenant les éléments (1) et (3) au sens défini dans les premiers chapitres pour ces symboles, donne pour l'élément (3) le tissu :

A \ B	1	2	3	4	5	6	7
1		X				X	
2			X				X
3	X			X			
4		X			X		
5			X			X	
6				X			X
7	X				X		

Cet élément est formé comme on le voit ici des côtés A_1B_2, B_2A_4, A_4B_5, ..., B_6A_1. Il peut se décomposer en deux parties : la première comprenant les côtés A_1B_2, A_4B_5, A_7B_1, A_3B_4, A_6B_7, A_2B_3 et A_5B_6 pris de deux en deux et forment un tissu que l'on pourrait appeler une *diagonale complète*. Les autres côtés de l'élément (3) forment une autre diagonale complète. Un élément est ainsi formé de deux diagonales complètes dont la liaison, qu'il serait facile de préciser, dépend du mode de numérotation des sommets consécutifs qui aurait pu être différent de celui qui précède. Le réseau correspond ici à l'ensemble de deux éléments c'est-à-dire à quatre diagonales complètes.

L'étude de ces diagonales complètes se rattache étroitement à celle des congruences et de la divisibilité arithmétique ce qui nous ramènerait à des considérations et à des résultats analogues à ceux que nous avons déjà donnés dans l'étude directe des réseaux polygonaux.

CONCLUSION

L'étude des réseaux peut être poursuivie dans bien des voies différentes et chacune des définitions posées au début permet d'amorcer une recherche nouvelle. Nous avons tenu simplement à étudier de notre mieux deux des cas les plus simples auxquels on pouvait songer. Si simples qu'ils soient, ils montrent, croyons-nous, la complexité des questions qui sont soulevées et la diversité des méthodes qu'il est indispensable d'employer. Le sujet, pour limité qu'il puisse paraître au premier abord, est en fait très vaste et semble assez ardu.

Nous avons laissé systématiquement ce côté, pour ne pas allonger, non seulement toutes les recherches que nous avons déjà commencées sur les réseaux sphériques, mais aussi toutes les applications pratiques des réseaux. Bien des questions d'arithmétique supérieure, de géométrie de situation, de théorie des jeux, par exemple les recherches de Lucas ou de Tarry se rattachent immédiatement à la théorie des réseaux. D'autres applications d'une utilité plus immédiate pourraient aussi être envisagées, comme certaines questions de statique graphique ou surtout de stéréochimie. Nous ne pouvions songer à les aborder ici.

A. SAINTE-LAGUË.

TABLE

PREMIÈRE PARTIE

Réseaux polygonaux.

DEUXIÈME PARTIE

Réseaux biparties.

Toulouse. — Impr. et Libr. Édouard Privat. — 6317

www.ingramcontent.com/pod-product-compliance
Lightning Source LLC
LaVergne TN
LVHW011954160826
845678LV00002B/531
* 9 7 8 2 3 2 9 6 8 3 2 1 8 *